よくわかる
環境科学

地球と身のまわりの環境を考える

鈴木孝弘 著

Ohmsha

本書に掲載されている会社名・製品名は、一般に各社の登録商標または商標です。

本書を発行するにあたって、内容に誤りのないようできる限りの注意を払いましたが、本書の内容を適用した結果生じたこと、また、適用できなかった結果について、著者、出版社とも一切の責任を負いませんのでご了承ください。

本書は、「著作権法」によって、著作権等の権利が保護されている著作物です。本書の複製権・翻訳権・上映権・譲渡権・公衆送信権（送信可能化権を含む）は著作権者が保有しています。本書の全部または一部につき、無断で転載、複写複製、電子的装置への入力等をされると、著作権等の権利侵害となる場合があります。また、代行業者等の第三者によるスキャンやデジタル化は、たとえ個人や家庭内での利用であっても著作権法上認められておりませんので、ご注意ください。

本書の無断複写は、著作権法上の制限事項を除き、禁じられています。本書の複写複製を希望される場合は、そのつど事前に下記へ連絡して許諾を得てください。

出版者著作権管理機構
（電話 03-5244-5088, FAX 03-5244-5089, e-mail: info@jcopy.or.jp）

JCOPY ＜出版者著作権管理機構 委託出版物＞

はじめに

　記録的「猛暑」や頻発する「集中豪雨」「巨大台風・ハリケーン」「竜巻」など、20〜30年ほど前には見られなかった「異常気象」が、今や、世界では通常の状態になってきています。それらによる「熱中症」や中国大陸から飛来する「$PM_{2.5}$」などの環境問題がある一方で、「太陽光発電」の普及や「電気自動車・燃料電池車」の促進など、刻々と日常生活は変化しています。現代に生きる私たちは、地球温暖化をはじめとするさまざまな環境問題に直面しています。

　本書は、このような世界が現在直面している環境問題を"環境科学の視点"でとらえた一冊であり、現代人の常識として必要な環境問題の基礎知識を全10章でまとめました。おもに理工系の大学・高専・専門学校の基礎科目の教科書や参考書、また、経済、経営、法学などの社会科学系や文学などの人文科学系の学部生を対象とした一般教養の教科書としても十分役立つように、化学や生物の基礎事項を盛り込み、平易に解説しました。各章末には課題を設け、発展学習やレポートの課題として利用できるように配慮しました。また末尾に用語集も設け、キーワードや補足説明が必要な用語をまとめてあります。大学の通年の講義では、第1〜5章を前期、第6〜10章を後期に学習する（逆でも可能）と、内容および分量的に都合がいいように配慮して編集しました。半期の講義の場合には、各章の重要なポイントに的を絞って学習することも可能です。

　さて、日本は「京都議定書」が締結された地であるため、世界のなかで環境問題には先進的な国であると私たちは思いがちです。しかし、実際にはもはや「環境後進国」になりつつあります。京都議定書の第二約束期間から離脱し、石炭火力発電の拡大や原子力発電の再稼働を推進している日本は、欧米や中国などが脱炭素に舵を切り、再生可能エネルギーの拡大に動いている世界の趨勢のなかで、「時代遅れだ」と世界から批判されているのです。また、日本はペットボトルやビン、缶などのリサイクルに力をいれているように見えます。ところが、本文で述

はじめに

べているように、国により算出方法に違いはありますが、家庭などからの一般のごみのリサイクル率は、OECD加盟国のなかでは高くはないのです。

　環境科学や環境学関連の専門書・教養書はこれまで、数多く出版されてきています。しかし、それらの多くは10年ほど前に刊行されたものがほとんどで、最近の地球温暖化の状況やパリ協定、アスベストによる健康被害、プラスチックごみの問題などの情報が欠落しています。さらに、内容が特定の分野に偏っていたり、たくさんの化学式が出てきたり、著者が複数のため、それぞれの著者のスタンスに違いが出て読みにくいなど、とくにはじめて環境科学にふれる人々が知識を得るうえではたいへん難しい点があります。そこで、本書は、これまでの大学・大学院での教育・研究経験に基づき、最新の環境問題の全体像を平易に記述するように試みました。環境科学は、学問としてまだ発展途上で、新しい問題に対して未知の部分が多々あり、その解釈も人により、また、ときにより変化するというのが現状です。本書では内容に誤りがないよう可能な限り注意を払いましたが、思わぬミスや勘違いがあるかもしれません。読者諸賢のご叱正、ご意見をいただければ幸いです。

　終わりに、本書の刊行にあたって大変ご尽力いただいたオーム社の皆様に厚く感謝の意を表します。

2018年12月

鈴木孝弘

目 次

はじめに ……………………………………………………………………… iii

第1章　環境と持続可能性

1・1　人口増加と環境 …………………………………………………… 1
1・2　有限な地球 ………………………………………………………… 4
1・3　エコロジカル・フットプリント ………………………………… 5
1・4　持続可能性 ………………………………………………………… 8
第1章のポイントと演習問題 …………………………………………… 11

第2章　地球環境問題

2・1　さまざまな地球環境問題 ………………………………………… 13
2・2　地球温暖化 ………………………………………………………… 15
2・3　酸性雨 ……………………………………………………………… 16
2・4　オゾン層の破壊 …………………………………………………… 21
2・5　海洋汚染 …………………………………………………………… 23
2・6　森林破壊と砂漠化 ………………………………………………… 25
2・7　地球環境問題への取組み ………………………………………… 27
第2章のポイントと演習問題 …………………………………………… 29

第3章　地球温暖化

3・1　温暖化のメカニズム ……………………………………………… 31

目次

- **3・2** CO_2 の温室効果 ……………………………… 35
- **3・3** CO_2 の発生と吸収 …………………………… 37
- **3・4** 地球温暖化の影響 ……………………………… 39
- 第3章のポイントと演習問題 ……………………… 45

第4章 低炭素社会の構築

- **4・1** 温暖化を緩和する取組み ……………………… 47
- **4・2** 経済原理による CO_2 削減 …………………… 49
- **4・3** 温暖化対策技術 ………………………………… 51
- 第4章のポイントと演習問題 ……………………… 61

第5章 水と人間活動

- **5・1** 地球上の水 ……………………………………… 63
- **5・2** 生活のなかの水 ………………………………… 67
- **5・3** 水の汚染 ………………………………………… 72
- **5・4** 湿原・干潟の保全 ……………………………… 75
- **5・5** 自然と共存する河川の治水対策 ……………… 79
- 第5章のポイントと演習問題 ……………………… 81

第6章 生物多様性の保全

- **6・1** 世界の森林減少 ………………………………… 83
- **6・2** 森林破壊の影響 ………………………………… 85
- **6・3** 森林の保全 ……………………………………… 87
- **6・4** 生態系と生物多様性 …………………………… 90
- **6・5** 日本の生物多様性の現状 ……………………… 96
- 第6章のポイントと演習問題 ……………………… 99

第 7 章　化学物質と環境

- 7・1　環境中の化学物質 …………………………… 101
- 7・2　生物濃縮 …………………………………… 103
- 7・3　有害な化学物質 …………………………… 105
- 7・4　化学物質過敏症 …………………………… 112
- 7・5　土壌汚染 …………………………………… 113
- 7・6　マイクロプラスチック …………………… 114
- 7・7　化学物質の管理 …………………………… 116
- 第 7 章のポイントと演習問題 ………………… 118

第 8 章　公害防止と環境保全

- 8・1　日本の公害 ………………………………… 121
- 8・2　新しい公害・環境問題 …………………… 124
- 8・3　環境法 ……………………………………… 127
- 8・4　環境アセスメント制度 …………………… 130
- 第 8 章のポイントと演習問題 ………………… 133

第 9 章　大気汚染と都市の環境問題

- 9・1　環境基準の達成状況 ……………………… 135
- 9・2　微小粒子状物質 …………………………… 137
- 9・3　光化学スモッグ …………………………… 140
- 9・4　ヒートアイランド ………………………… 142
- 第 9 章のポイントと演習問題 ………………… 145

目次

第10章 循環型社会の構築

- 10・1 1年間の物質フロー ……………………… 147
- 10・2 日本の廃棄物処理の現状 ……………… 149
- 10・3 廃棄物の新しい焼却処理技術 ………… 153
- 10・4 循環型社会の法体系 …………………… 156
- 10・5 広がるリサイクル ……………………… 160
- 10・6 新たな廃棄物処理の取組み …………… 162
- 第10章のポイントと演習問題 ………………… 164

- 本書に関連するおもな用語解説 ……………… 166
- 演習問題の略解・解説 ………………………… 178
- 参考文献 ………………………………………… 189
- 索　引 …………………………………………… 190

COLUMN
- 環境の思想家 "松尾芭蕉" ……………………………… 7
- SDGsを無視した20世紀最大の環境破壊 ……………… 10
- 環境NGO ………………………………………………… 27
- Think Globally, Act Locally …………………………… 30
- 地球は寒冷化？ ………………………………………… 42
- CO_2と温暖化の因果関係の異論 ……………………… 45
- シェールガス革命 ……………………………………… 60
- バーチャルウォーター ………………………………… 66
- 名古屋議定書 …………………………………………… 93
- 沈黙の春 ………………………………………………… 102
- DDTの光と影 …………………………………………… 120
- 終わらない公害 "水俣病" ……………………………… 127
- $PM_{2.5}$と健康影響に関する研究の事例 ……………… 146
- MOTTAINAI ……………………………………………… 159
- 江戸時代の3R …………………………………………… 163

環境と持続可能性

　人類の文明の歴史は約1万年といわれているが、46億年の地球の歴史からみると、ごく最近のほんの一瞬のことにすぎない。しかし、今日の急激な人口増加と高度な科学技術の発達によって、自然環境が急速に破壊され、多くの生物が絶滅し、地球温暖化のような人類の生存にかかわる問題が深刻になってきている。この地球は人類にとってもはや十分広くはなく、水も空気も、森林やそのほかの資源もすべてが有限であるということを、自覚するべき時期がきているのだ。

1・1　人口増加と環境

　地球環境の問題は、人口の増加や文明の発達と密接な関係がある。19世紀のフランス人の外交官・作家、シャトーブリアン子爵の名言「文明の前には森林があり、文明の後には砂漠が残る」のように人類の環境破壊は古代四大文明にまでさかのぼることができるといわれる。これらの文明の栄枯盛衰にはさまざまな要因が重なり合っていると考えられるが、最近では森林の伐採が最も基本的な原因であり、それによって生活ができなくなった人々が、ほかの場所に移動したという説が有力になっている。

　現在、世界の人口は **図 1・1** に示すように、1950年ごろから指数関数的に増え始め、**人口爆発**と呼ばれる人類史上最大の人口増加を経験し、わずか50年で2.5倍になった。2019年に77億人を超し、さらに2050年には100億人を突破するものと予想されている。この人口増加の要因は、まず第一には、農業の発達による食料供給の増加と冷凍・冷蔵技術の開発による食料の保存が可能になったこと、第二に人間の居住地域の拡大、第三に医療や衛生管理の進歩、感染症予防、抗生物質などの開発による死亡率の大幅な低下があげられるであろう。

　現在の人口問題は、先進国では「少子高齢化」、開発途上国では「人口爆発」と

1. 環境と持続可能性

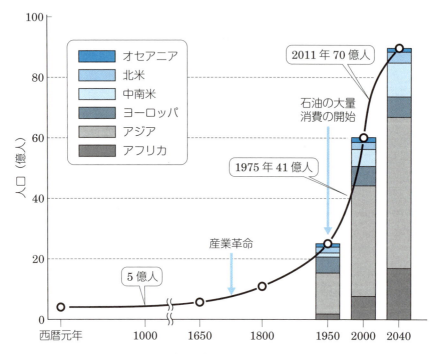

図1・1 世界の人口推移と推計（国連人口部のデータより作成）

対照的である。最も人口の多い国は中国で、2017年に約14億人、次いでインドの約13億人と、この2か国で世界人口の1/3を超え、4位のインドネシア、6位のパキスタンなど、ほかのアジア諸国も合わせると、世界人口の半数以上がアジアに集中している。先進国のなかでは、アメリカが高い人口の伸びを示している。一方、アフリカでは出生率の上昇に歯止めがかからず、2050年までに現在の4～5倍に人口が増える国が続出する可能性が高くなっており、出生率の低減が最大の政策課題である。これらの国は、もともと、出生率も死亡率も高い「多産多死」であり総人口は安定していた。近年では、衛生状態の改善と進歩した医療の導入によって、出生率が高いままで死亡率が低下する「多産少死」になり、人口増加率が上がり人口が爆発的に増えている。

日本の人口は、2008年の1億2,808万人をピークに減少に転じ、現在、「少産、

1・1 人口増加と環境

少子、高齢、多死」の人口減少社会となった。人口減少がピークとなるのは、2030年ごろと予想され年間100万人の減少が起こり、2038年には1億人を割る見込みである。経済成長は人口の増加がないと維持が難しく、生産の担い手である**生産年齢人口**（15歳以上65歳未満）が減少し、日本経済の衰退につながるという見方が主流である。

日本の人口減少が環境に及ぼす影響はまだ不明な点が多いが、一般に中長期的には、交通量、資源やエネルギー消費量が人口減とともに減り、人口密度も低下するため環境負荷は低減していくと考えられる。しかし、急激な人口減は、上水道の滞留時間増加による水質悪化、下水道の流速低下による悪臭の発生なども予想される。

一方、人口減の短期的な傾向は、例えばCO_2を例にとってみると、家庭からのCO_2排出量は1990年が1億2,700万tであったものが、2015年には1億8,200万tと約43％増えている。人口は減少したが核家族の世帯が増加し、世帯数が1990年の4,103万世帯から2015年には5,345万世帯と増加してエネルギー消費量が増えたことと、自家用車や家庭の電気製品の増加によるものが原因と考えられている。このような傾向から、短期的には核家族化がさらに進み、世帯数の増加やライフスタイルの変化などにより人口の減少による環境負荷の低減が打ち消される可能性が高いとみられる。さらに、高度成長期に膨張した都市内の人口密度がまばらになり、人や物の移動距離が増えたり、電車、バスなどの公共交通機関より自家用車の利用が増えるなど、輸送による環境負荷は高くなると予想されている。

急激な人口増加は、とくにインドや中国など経済成長が著しい開発途上国では、大気汚染や水質汚濁、森林破壊、砂漠化、洪水、間伐などの環境破壊を招き、また農村部から都市部への人口の流入によって都市環境の悪化などの問題も生じている。また、これらによる世界の人口爆発は、食料危機を引き起こす可能性も指摘されている。日本の**食料自給率**（＝自分の国で生産している食料÷自分の国で消費する食料）は、カロリーベースで1960年度の79％から減り続けて、2017年度は世界の主要国のなかで最低クラスの38％になっている。

人口問題への国際的取組みとして、1974年、ブカレストで**世界人口会議**が開かれ、1984年の国際人口会議（メキシコシティ）では、人口と食料問題への対応が

議論された。

1・2 有限な地球

　地球は、大気圏（空気）、水圏（水）、地圏（岩石、土壌、堆積物）、生物圏（生物）からなる惑星であり、太陽光エネルギー、物質循環、生物多様性によって、地球上の生命は何十億年もの間、広大な自然環境のなかで生きながらえてきた。しかし、近年、私たちは地球の再生可能な自然資源（水、空気、土壌、森林、野生動物、海洋の魚類など）を従来より早いスピードで消費し、またそれらを一人あたりの自然利用率の増加によって枯渇、劣化させてきた。実際に多くの地域で、森林減少、土壌の浸食、砂漠拡大、温暖化による海水面の上昇、海の酸性化、気候変動による洪水、間伐、森林火災などが頻繁に起こってきている。

　これから2100年にかけて予想される膨大な人口による物質移動やエネルギー消費を、現在の地球は物理的に支えることができるのであろうか。その鍵は地球上にある資源の有限性が握っている。まず、私たちの生存に最も重要な四つの資源、水、土壌（耕地）、森林、空気の存在量を考えてみよう。

　例えば、地球を直径1.5 mの球体に縮小して、それぞれの存在量を示したものが図1・2である。地球は表面の約2/3が海洋であり、水の惑星といわれるが、最も深い海でも深さは10 km程度であり、この図では海水は2 L、淡水に至っては60 mLしかない。しかも淡水のほとんどが氷であるため、利用できる水はわずか0.07 mLである。また、地球の表面を覆っている大気圏はリンゴの薄皮のような球状の薄い層であり、その内側の層である対流圏は、厚さは回帰線の海水面上では2.0 mm、南極および北極の上空では0.8 mmしかない。私たちが呼吸をしている空気の量は、ほぼ風船一つ分の量しかない。土壌は食料を供給してくれ、森林は二酸化炭素を吸収し、酸素を供給するとともに、土壌を浸食から守る働きもある。しかし、その森林面積もどんどん小さくなりつつある。人口が増大した私たち人類にとって、地球資源が有限であることはこの図からも容易に把握でき、金、銀、鉛のようなおもな金属資源の残余年数は30～40年程度分しかないとされる。

1・3 エコロジカル・フットプリント

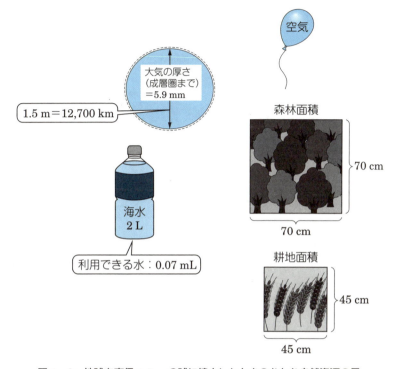

図1・2 地球を直径1.5 mの球に縮小したときのおもな自然資源の量

1・3 エコロジカル・フットプリント

　ここでは、私たちの生活と地球の大きさとの関係を考えてみよう。人間の活動が環境に与える負荷（地球の**環境負荷**）を示す指標の一つが、**エコロジカル・フットプリント**（EF）である。これは、一人の人間が普通の生活を営むために必要な面積であり、ここから地球の**環境容量**を類推することができる。

　EFを算出するためには、**図1・3**のように地球上の面積を耕作地（米や麦の栽培）、牧草地（肉や乳製品を生産する）、森林地（木材やパルプの供給源）、カーボン・フットプリント（エネルギーの発生やCO_2の吸収に必要な森林）、生産能力阻害地（建物や道路など）、漁場（海洋・淡水域）の六つのカテゴリーごとに国内の生産活動および輸入物の生産で使用される土地（海洋を含める）使用量から

1. 環境と持続可能性

図1・3 エコロジカル・フットプリントにおける六つの土地利用区分

計算する必要がある。その際、異なる土地（海洋）カテゴリー間の土地生産性の違いを調整する「等価ファクター」、および各国の実情を調整する「収量ファクター」を用いて標準化することにより、「平均的な生物生産力をもつ土地1ヘクタール」を表す「グローバルヘクタール」（記号：gha）という単位を用いる。

現代の日本人が1年間生活するために必要な土地の面積は、およそ東京ドーム1個分（4.7 gha）程度と計算されている。2010年のEFは、生産能力阻害地（0.04 gha）、耕作地（0.47 gha）、漁場（0.47 gha）、放牧地（0.16 gha）、紙やパルプの製造に必要な森林地（0.23 gha）、そして**カーボン・フットプリント**（2.54 gha）の合計3.91 ghaである。この値は、東日本大震災による原発の停止による化石燃料の使用量増大などによって増加し、2013年には5.0 ghaと高い水準になった。

EFの値は、国の生活レベルにほぼ依存し、2013年のEFでみると、世界の平均は、2.9 ghaであるが、アメリカでは8.5 gha、日本の5.0 ghaは世界で38番目に大きく、先進国のなかではイギリスおよびフランスとほぼ同程度である。日本のEF

の約74％は、CO_2 の吸収に必要な森林が占めている。もし世界中の人々が日本人と同じレベルの生活を行うと、地球1個では足りずに約2.9個必要になる。また、日本のEFはインドのEFの4.7倍の大きさであり、アフリカ諸国のEFになるとさらに小さな値となる。世界平均の2.9 ghaから考えると、地球上で暮らすことができる人口は約40億人になる。現在の75億人の人口は、すでにこの地球上では過剰であり、途上国に貧困や食料不足といった形でしわ寄せがいっていることがわかる。

EFを持続可能な社会を築くための具体的な数値として、施策に取り入れる国や自治体も出てきた。イギリスのカーディフ市では、交通や廃棄物などの政策ごとにこの指標を計算して、施策に反映させている。わが国では、第三次環境基本計画（2006年）において環境容量の占有量を示す指標として取り上げられた。

column　環境の思想家 "松尾芭蕉"

松尾芭蕉が、江戸・深川から「奥の細道」の旅に赴いたのは、1689年3月27日（陽暦で5月16日）、46歳のときであった。緑が深まる東北から列島を横断し、日本海側を巡って大垣に至った。「いく春や鳥啼き魚の目は泪」にはじまり、各地で出会った風物や人々との接触が、貧しさのなかにも生き生きとした当時の地域の様子を今に伝えている。2001年、イギリスで出版された書籍（Joy A. Palmer (ed.), David E. Cooper and Peter B. Corcoran : Fifty Key Thinkers on the Environment, (Routledge Key Guides), London (2001)）に、仏陀、マハトマ・ガンディー、レイチェル・カーソン、シコ・メンデスなどと並び日本人でただ一人、世界の環境思想に影響を与えた50人として芭蕉が取り上げられている。その理由は、芭蕉の作品には自然との強い一体感が目立ち、「広い意味での日本人の自然観を生み出した」と記されている。

1. 環境と持続可能性

　人間による物質移動やエネルギー消費量は、まだ地球全体からみると小さいが、CO_2 の放出量などは無視できない値となってきており、バランスが崩れ始めているのが、現代の環境問題の根底にある。

1・4　持続可能性

　地球の環境要件が変化するなか、長期的な未来まで人類が生き残り、繁栄していくために人間の文化的活動と地球の自然的機能との調和を図ることが重要である。この目的の元に法規制にもとづく環境対策と、ほかの社会的活動との整合性をとるため、国際的に次のような原則が提案されている。

(1) 汚染者負担の原則

　この汚染者負担の原則（PPP：Polluter Pays Principle）は、OECD が 1972 年提唱し、環境保全に必要な費用は汚染者が負担すべきであり、公費によって負担すべきではない、というものである。

(2) 拡大生産者責任

　製造業者や輸入業者といった「メーカー」が、これまで自治体や消費者が担ってきた使用済み製品の処理責任の一部または全部を負担するという考え方で、1996年 OECD が提唱した。従来は生産から製品の使用時までだったメーカーの責任が拡大したことから、拡大生産者責任（EPR：Extended Producer Responsibility）といわれる。わが国の循環型社会形成推進基本法（2000 年公布）においても、この考え方を取り入れた規定が布かれている。

(3) 持続可能な開発

　1987 年、国連「環境と開発に関する世界委員会」の報告書「Our Common Future（我ら共有の未来）」は、環境と開発の問題について国際社会が達成すべき目標として持続可能な開発（SD：Sustainable Development）を掲げた。ここでは、貧しさを改善しないと環境破壊が進む、環境が人類を養う能力には限界があ

る、という観点から、将来のニーズを満たす環境を残しつつ、現在のニーズも満たす開発が重要であるとしている。石油など化石燃料の使用量削減や風力など再生可能なエネルギーへの転換を促し、地球温暖化防止を達成できる経済・社会システムの実現が望まれている。2002年、「持続可能な開発に関する世界首脳会議（ヨハネスブルグ・サミット）」では、企業の社会的な行動責任が目標達成のために、そのヨハネスブルグ宣言に明記された。そして、この宣言には付随して「実施計画」も同時に採択され、それらの計画の中には

① 京都議定書の早期発効
② 資金・貿易に関する合意の早期実施
③ 衛生面の向上
④ 再生可能エネルギーの導入拡大
⑤ この10年を持続可能な開発のための教育に充てる

といったものが含まれていた。

2012年、ブラジルのリオ・デ・ジャネイロにおいて、「国連持続可能な開発会議（リオ+20）」が採択され、**グリーン経済**の重要性が認識された。企業などの組織の環境対策や汚職の廃絶、人権配慮などを重視する立場から、単に法律を守って収益を上げるだけでなく、社会のなかでさまざまな責任を果たすことが必

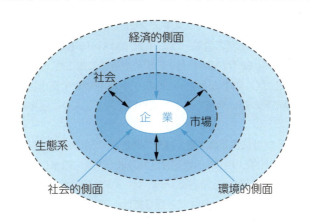

図1・4　CSR（企業の社会的責任）の概念

1. 環境と持続可能性

要だとの考え方から **CSR**（企業の社会的責任）という概念が浸透してきている（**図1・4**）。その取組みの中心は「持続可能性」であり、企業が経済面だけでなく、社会・環境面に対しても配慮して企業活動を行うことが期待されている。また、企業などの事業者が、自主的に環境改善を行うための仕組みに「**ISO 14001**」（環境マネジメントシステム）があり、環境に配慮して行った事業活動を社会に情報公開する**環境報告書**がある。

表1・1　「持続可能な開発」をめぐる歩み

1972年	ローマクラブ「成長の限界」、国連人間環境会議（ストックホルム）
1973年	国連環境計画（UNEP）発足
1987年	WCED「我ら共有の未来」
1992年	国連環境開発会議（地球サミット）、**アジェンダ21**
1997年	京都議定書
2002年	持続可能な開発に関する世界首脳会議（ヨハネスブルグ）
2005年	国連・持続可能な開発のための教育の開始（10年間）
2012年	国連持続可能な開発会議（リオ＋20）

column
SDGsを無視した20世紀最大の環境破壊

　中央アジアのカザフスタンとウズベキスタンにまたがる「アラル海」は、1960年代には、世界第4位の面積の塩湖だった（68,000 km^2、琵琶湖の100倍）。2014年10月、米航空宇宙局（NASA）がその衛星画像を公開したが（**図1・5**）、湖の中心部分がほぼ干上がり、わずか半世紀で面積が10%程度まで縮小した。干上がった湖は不毛の砂漠に変わり、漁業で栄えた港や村が消え、人々は生活の基盤を失っていった。

　この原因は、干ばつによる降水量の減少のほか、アラル海に流入する二つの大河、シルダリア川とアムダリア川から綿花栽培用の水を大量に取水したことによる（旧ソ連時代の自然改造計画）。その結果、砂漠は大農業地帯になったが、それと引き換えに川の水を奪われたアラル海は干上がり続け、アムダリア側は消滅した。土を掘っただけの運河はザルのように水を通し、多くの水が農地に届かないまま無駄に

失われた。かつては、中央アジアのオアシス的存在として漁業も盛んで、鳥類や哺乳類など多様な生物が生息していた湖は、水面の低下、水量の減少、塩分濃度の上昇などによって大半の生物が死滅し、漁業も壊滅した。

さらにこの地域では、土に塩が析出する塩害や殺虫剤 DDT の大量流出の問題も生じ、漁場を求めたり砂に追われたりして移住を余儀なくされた環境移民は数万人規模に上るとみられ、「20 世紀最大の環境破壊」ともいわれる。21 世紀に入ってようやく対策が動き出し、カザフスタン側の一部をダムで切り離し、「小アラル海」として残す国際計画が進められているが、復活には程遠い。持続可能な開発目標（SDGs）を無視した環境破壊が、人間社会に返ってきた報いの現場である。

2000 年

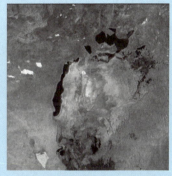
2014 年

図1・5　縮小するアラル海の人工衛星画像
（NASA 公式サイトより）

ポイント

- 環境問題の原因の本質には、人口増加があり、エネルギー・資源・食料の需要が急増し、地球環境の悪化を招いている。
- 人間活動が地球環境に与えている負荷を定量的にみる指標の一つに、エコロジカル・フットプリントがある。
- 現在ばかりでなく、未来の人々が暮らしに満足できるよう、公正な社会を実現するために、自然環境の保全に配慮した持続可能な開発が重要である。

1. 環境と持続可能性

演習問題

1・1　ギリシャ・ローマ時代、エーゲ海に面したエフェソス（現トルコ。世界遺産）は貿易が盛んで繁栄を誇っていたが、7〜8世紀になると港が機能しなくなり、廃墟となった。その最も大きな理由を調べてみよ。

1・2　「人口ボーナス」および「人口オーナス」とはそれぞれどのような事態か調べてみよ。また、それぞれの場合について、環境におよぼす影響について考えてみよ。

1・3　世界の主要国のエコロジカル・フットプリント値を調べてみよ。

1・4　エコロジカル・フットプリントを地域レベルで評価する試みがある。都道府県のエコロジカル・フットプリントについて調べてみよ。

1・5　エコロジカル・フットプリントを減らす方策について考えてみよ。

2 地球環境問題

　私たち人類が豊かで快適な生活を追求した結果、地球全体の平均気温が上昇している。それによって、記録的「猛暑」、頻発する「集中豪雨」や、「竜巻」の発生、「巨大台風」など、異常気象が頻発し、私たちの生活にも大きな影響が出始めている。ほかにも酸性雨や中国大陸から飛来する「$PM_{2.5}$」などの環境問題は、国境を越えて世界各国が協調して取り組むべき人類共通の課題である。その解決のためには、各国がどのように取り組んでいくべきか、個人が生活のなかで実行できることはなにかを具体的に考えよう。

2・1　さまざまな地球環境問題

　1960年から1970年代までの日本の環境問題は、重化学工業などの発展によって、まず身のまわりの大気汚染や水質汚濁などが表面化した。これは、ある特定の企業が特定の地域で引き起こした急激な環境破壊の問題であった。人間が快適で豊かな生活を追及してきた結果、1980年代に入ると、それまでの環境問題とは様相が変化しはじめ、排出源の特定が難しく、一般市民が被害者であり加害者でもあるという都市環境の問題が顕在化してきた。

　1990年代になると、成層圏のオゾン層の破壊、各地での熱帯林の減少、生物種の絶滅など、国境を越えて地球規模で広がる環境問題がクローズアップされるようになった。先進国による大量生産、大量消費、大量廃棄の一方で開発途上国における人口爆発や経済成長にともなう環境破壊など、さまざまな問題が加わった。この地球環境問題には、地球温暖化、オゾン層破壊、酸性雨、熱帯林の減少、砂漠化、野生生物種の減少、海洋汚染、有害廃棄物の越境移動などのように、発生源や被害地が必ずしも一定地域に限定できない問題がおもに該当する。

　このような地球環境問題は、次のような特色をもっている。

2. 地球環境問題

1) 空間的な広がりをもち、国境を越えた地球規模の問題であること
2) 時間的な広がりがあり、長期間をかけて進む問題であること

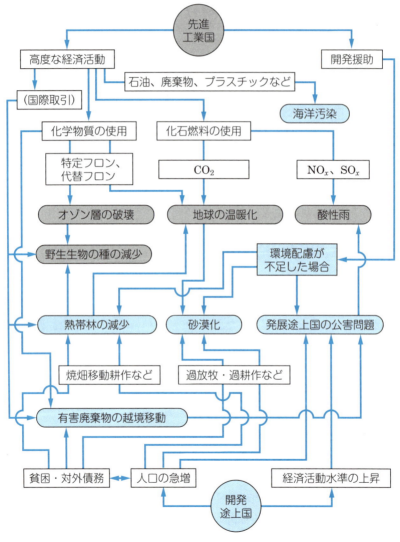

図2・1 地球環境問題の相互関係
(平成11年版図で見る環境白書より作成)

3）予期しにくい被害が生じたり、因果関係が複雑で明確でないこと

図2・1 に見られるように、地球環境問題は複雑に影響を与え合って、その因果関係は多岐にわたる。また一国だけによる解決はきわめて難しく、多くの国が協力して解決のために取り組む必要がある。

地球温暖化の問題については、1992年、地球サミット（リオ・デ・ジャネイロ）で気候変動枠組条約が採択された。これは、地球の温暖化の防止を最終目標にした条約である。1997年の地球温暖化防止京都会議では、CO_2の排出抑制についてはじめて法的な拘束力をもった京都議定書がまとまった。この問題については、第3章、第4章で詳しくみていく。

2・2 地球温暖化

世界の平均気温は、図2・2 のように1891年の統計開始以降、長期的には100年あたり約0.71℃の割合で上昇している。とくに1990年代半ば以降、高温となる

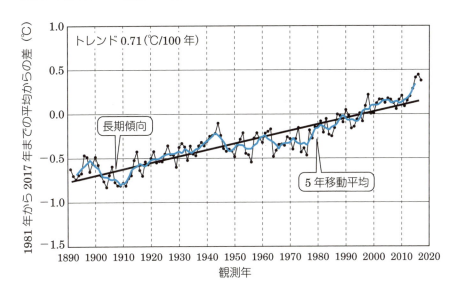

図2・2　世界の年平均気温偏差（出典：気象庁）

年が多くなっている。日本の年平均気温は、長期的には100年あたり約1.16℃の割合で上昇している。これが地球温暖化といわれる現象であるとされている。人類は、産業革命以降、工業化や自動車の普及にともない、石油や石炭などの化石燃料を大量に燃やしたり、森林などを伐採して経済を成長させてきた。その結果、大気中のCO_2濃度は、産業革命以前に比べて40％も増加してきている。

2014年のIPCC（気候変動に関する政府間パネル）の第5次評価報告書では、有効な温暖化対策をとらなかった場合、20世紀末ごろ（1986年から2005年）と比べて、21世紀末（2081年から2100年）の世界の平均気温は2.6～4.8℃上昇、厳しい温暖化対策をとった場合でも0.3～1.7℃上昇する可能性が高くなると予測されている。さらに、平均海水面は、最大82 cm上昇する可能性が高く、沿岸部の都市やモルディブなどの島国は水没する可能性がある。

また、大気の循環にも影響が生じ、異常高温や多雨、集中豪雨や干ばつが発生したり、農産物の収穫量が減少し、食料不足が起こる可能性も指摘されている。急速な気候変化は自然の生態系を乱し、その結果、絶滅に追いやられる生物種が増加することや、未知の感染症が出現する危険性も指摘されている。そのため、CO_2をO_2に変える森林の保護・育成、省エネルギー、排ガスの規制、再生可能エネルギーの開発などが必要とされている。

地球温暖化の原因・影響・対策などの詳細は、第3章と第4章でみていく。

2・3 酸性雨

酸性雨は、おもに硫酸や硝酸が雨に溶解した酸性の強い雨のことである。1872年、イギリスの科学者 Robert Angus Smith が、マンチェスターの汚染大気を含んだ降雨が、繊維製品の退色、金属の腐食、植物への害をもたらすことを指摘し、そこで"Acid Rain"の用語がはじめて使われたとされる。

酸の強さの尺度としてpHが使われるが、pHは水溶液中の水素イオンH^+のモル濃度を$[H^+]$としたとき、式(2.1)で定義される。pH = 7が中性で、pH < 7を酸性、pH > 7を塩基性またはアルカリ性と呼び、pH値が小さいほど酸性が強いことを示す。

$$pH = -\log_{10}[H^+] \tag{2.1}$$
$$CO_2 + H_2O \rightleftarrows H_2CO_3 \rightleftarrows H^+ + HCO_3^- \rightleftarrows 2H^+ + CO_3^{2-} \tag{2.2}$$

　二酸化炭素（CO_2）が水に溶けると、式(2.2)の溶解平衡が成り立っているため、CO_2 そのままのほか、H_2CO_3、HCO_3^-、CO_3^{2-} の4種類の形態となる。この4種の割合は、pHや水温の影響によって変化する。大気の CO_2 濃度（400 ppm）と平衡な水溶液のpHは、25℃で式(2.2)の平衡関係から近似計算すると、5.6となる。酸性雨とは、これよりpHが低下した5.6未満の雨のことである（雨の酸性度は、種々の要因によって左右されるため、pH 5.0未満を酸性雨という場合もある）。pHは対数で表されるため、pH値が1少なくなると、酸の強さは10倍強く、2少なくなると100倍強くなる。

　酸性雨の原因として考えられる人為的な要因は、工場や発電所、自動車などから大気中に放出された**窒素酸化物**（NO_x）と**硫黄酸化物**（SO_x）であり、これらが上空で雨水に溶け硫酸や亜硫酸、硝酸類になり、雨の酸性度が高くなる（**図2・3**）。これらの汚染物質は気流によって、国境を越え、発生源から数千 km も離れたところで酸性雨が観測されている。中国大陸（重慶市など）から日本に飛来する雨のpHが低いこと、イギリスやドイツなどの工業地帯からの排出ガス（煙突を高層化させた結果、大気汚染物質の拡散を拡大）により北欧の湖が酸性化したこと、アメリカで排出された SO_x などがカナダに酸性雨を降らせる、といった

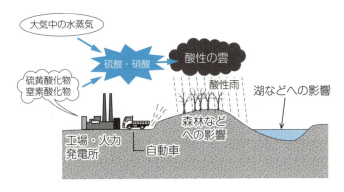

図2・3　酸性雨発生の仕組み

2. 地球環境問題

国際問題が起きている。近年、日本の各地で降る雨のpHは4台が観測されているが、海外ではレモン水（pH＝2）より酸性の強い雨（pH＝1.6）が降った記録がある。

酸性雨の影響で人体に関しては人間の汗のpHが4.5〜7.5であり、また酸性の温泉への入浴を楽しんでいることなどから、現在、通常はほとんど心配のないレベルである。しかし、酸性雨の一種である硫酸ミストや硝酸ミスト（霧にSO_xやNO_xが溶解したもの）は、のどの痛みや喘息など呼吸器系に影響を及ぼすことがわかっている。1952年、ロンドンで12月5日から10日の間に、停滞した石炭燃焼による硫酸ミストを含むスモッグにより、約4,000人が呼吸障害などで死亡した事例がある。

一方、森林や植物への影響については、ライン川に沿ったドイツのシュバルツバルト（ドイツ語で黒い森）では1970年代の終わりごろから、樹木の立ち枯れが目立つようになった。チェコ北部のイゼラ山地やポーランド、スロバキアなどの諸国でも、山岳地帯の森林が枯れる被害が報告されている。このドイツからスロバキアにまたがる地域では、硫黄分の多い石炭が火力発電所などで大量に使用されたため、「黒い三角地帯」と呼ばれるほど、多量のSO_xが排煙に含まれていた。

一般にpH3以下では植物の生育が阻害されたり、pH3〜4ではアサガオの花に脱色斑ができる被害が生じる。また、作物は土壌が酸性化すると、作物の収量は普通減少する。さらに土壌の酸性度が高くなると、無機塩類が酸によって溶け出し、土壌の肥沃度が低下する。つまり、植物に必要なK^+、Mg^{2+}、Ca^{2+}が土壌から脱落し、代わりにH^+が吸着する。最近、森林樹木の衰退の原因は、酸性雨だけではなく、オゾンや光化学オキシダントとの複合効果による影響が大きいという欧米での報告がある。

寒冷地で酸性雨による被害が顕著であるのは、大陸の針葉樹林帯であり、その土壌はポドゾル（podzol）と呼ばれる塩基成分が少ないものである。熱帯や温帯と違い、針葉樹林からの落枝、落葉の分解速度が遅く、大量の腐植が地表に堆積する。腐植はしだいに分解が進むが、その過程で有機酸が生成し、それが土壌中の塩基を溶脱する。したがって、土壌の塩基成分が少ないため、酸性雨を中和す

る力が弱く、酸性雨が降ると土壌からアルミニウムが溶出して、これが森林を枯死させるおもな原因と推定されている。また、寒冷地では一般に土壌層が薄く、土壌全体の中和能力が弱いことも原因の一つと考えられる。そのほか、一般に工業国が高緯度地域に集中し、低緯度地方よりも酸性の雨や雪が多く降ることも大きな原因になっていると推定される。

2016年度の日本の雨のpHは平均4.7であり（**図2・4**）、まだpH3を下回ったことはない。しかし、1990年代後半から、雨の成分に変化がみられている。SO_xは規制によって次第に減少してきているが、NO_xは横ばいである。NO_xは適量では植物の栄養源として作用するが、多く与えると逆に生育を阻害する。また、植物への酸性雨の影響には、根に付着しているほかの生物との関係も考える必要がある。

フィンランドやスウェーデンでは、pHが4～4前半の雨が降り、酸性雨の影響によって生物が消滅した湖がある。スウェーデンでは約8万5千の湖沼のうち2

図2・4　日本における2016年度の酸性雨の状況
（平成30年版「環境白書・循環型社会白書・生物多様性白書」より作成）

万以上が影響を受け、ノルウェーでは 1,300 km^2 の地域で魚が死滅したといわれる。湖沼が酸性化すると、魚の受精率が低下したり、孵化しにくくなったりする。さらに pH が 5 以下になると、有害な金属イオン Al^{3+}、Mn^{2+}、Pb^{2+}、Cd^{2+} などが水中に増え、やがて湖沼の**酸死**と呼ばれる魚が死滅する現象が知られている。北欧の雨の pH はまだ pH4 台半ばであるが、被害は少なくなっているとされる。

建物や文化財への影響については、大理石、花崗岩がアルカリ性であるため、酸性雨によって徐々に溶け、ドイツのケルン大聖堂やギリシャのパルテノン神殿などの古代遺跡の被害も深刻になっている。青銅や鉄製の屋外建造物や美術品にも被害が及び、日光東照宮や鎌倉の大仏などで被害が出始めている。さらに、酸性雨はコンクリートを中性化し、鉄筋を腐食させるため、近代建造物にも被害を及ぼし始めている。

酸性雨対策として、スウェーデンなどでは酸性雨が降り注いだ森林や土壌、湖沼の酸性を中和するため、ヘリコプターや散布車から石灰をまくなどの対策がとられている。しかし、散布する範囲が広く、被害地域が急速に拡大しているため対策が追いついていない。酸性雨そのものの防止には、原因となる SO$_x$ や NO$_x$ をできるだけ大気中に出さないことが重要である。欧米諸国は 1979 年秋に国連委員会で「長距離越境大気汚染条約」を締結し、酸性雨の原因となる SO$_x$ や NO$_x$ についての排出量を削減することで多くの国が合意した。しかし、東ヨーロッパ地域では、工場設備や自動車が旧式でエネルギー効率が悪く、大気汚染物質の除去設備が十分でないため、排出量の削減にはまだかなり時間がかかるとみられている。

一方、発生源の対策として、SO$_x$ の場合、**直接脱硫法**と呼ばれる、燃料の重油に水素を吹き込み、触媒を使って直接硫黄分を取り除く技術がある。また、燃焼後の排出ガスから SO$_x$ を取り除くため、難溶性の石灰石をスラリー状（水を加えてドロドロにした状態）にして排ガスを導入し、硫黄分を石膏として回収する**排煙脱硫法**がある。一方、NO$_x$ は、フューエル NO$_x$ を除くため、窒素分をほとんど含まない天然ガスなどに燃料を切り替えたり、サーマル NO$_x$ 対策として、燃焼温度や空気の混合比（実際の空気量と理論上燃焼に必要な空気量との比）をできるだけ低下させる燃焼方法の改善がある。また、排ガスに対して、触媒を用いてガ

スから直接 NO_x のみをアンモニアおよび O_2 と反応させて窒素に還元する方法がある。

2・4 オゾン層の破壊

地上 100 km 程度までの地球を取り巻く大気の存在する領域を大気圏といい、図 2・5 に示すように対流圏、成層圏、中間圏、熱圏の四つに分けられる。成層圏中の高度 20～30 km 付近に**オゾン層**（オゾン濃度の高い領域）があり、絶えず太陽から降り注ぐ有害な紫外線のうち、波長の短い生物に有害な成分を吸収している。しかし、1987 年、このオゾンの濃度が世界各地で薄くなっている事実を、日

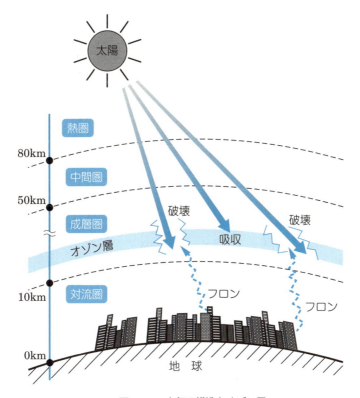

図 2・5 大気の構造とオゾン層

本の南極観測隊がはじめて明らかにした。南極上空では、オゾン層中のオゾン濃度が半分程度になっており、**オゾンホール**（オゾン濃度が通常のオゾン層より30％以上低い部分）ができたという報告がなされた。

　南極上空では、例年、南半球が冬から春に変わる9月ごろオゾンホールが出現し、11〜12月ごろまで続く。オゾンホールの大きさは年々大きくなり、**図2・6**に示すように最近では南極大陸の面積の1.5〜2倍程度にまでなっている。オゾンホールの規模は、2006年には過去最大級の大きさに達したが、その後、増減を繰り返し、長期的な拡大傾向は見られなくなっているが、過去10年間の平均的な規模は南極大陸の約1.7倍程度である。最近は、北極でも一時的にオゾンホールに相当する現象が確認されている。

　オゾン層が破壊されるおもな原因は、フロン（クロロフルオロカーボン）の存在である。フロンは、1960年代から大量生産され、冷蔵庫、エアコンの冷媒や噴霧剤、溶剤などに使われた。それらが廃棄された際、なかに入っていたフロンが大気中に放出され、成層圏に上昇して、紫外線の作用で塩素原子が放出される。その活発な塩素とオゾンが反応して、オゾンが酸素などに分解される。フロンから放出された塩素原子1個は、数万個のオゾン分子を分解する。また、このフロ

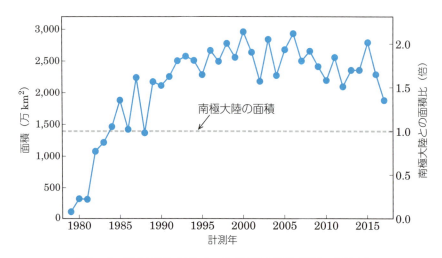

図2・6　南極上空のオゾンホールの面積の推移（出典：気象庁）

ン分子が成層圏に滞留する時間は 50〜100 年以上ときわめて長く、問題を深刻化している。

　ヨーロッパ上空では、ここ 30 年ほどで 4〜7％のオゾン濃度の低下が観測されており、ヨーロッパでの皮膚がんの発生率が 1975 年の 4 倍に増えた理由との因果関係が調査されている。日本上空でも高緯度地方の上空ほどオゾン濃度の低下が観測されており、札幌ではこの 30 年間で 5％低下し、紫外線量が 7％ほど増加したと推定されている。さらに、紫外線量の増加は、植物（大豆など）の成長やプランクトンの増殖などにも影響を及ぼすことがわかっている。そのため、フロンは 1985 年のウィーン条約と 1987 年採択のモントリオール議定書で国際的に規制され、従来のフロンの製造は、先進諸国では 1995 年末で全面禁止になった。その結果、フロン濃度の上昇に歯止めがかかったが、過去に排出されたフロンは分解されず、いまだに大気にとどまっている。特定フロンと呼ばれるフロン 11（CCl_3F）など 5 種の代わりに代替フロンが開発されているが、一方でこれらも地球温暖化の作用が大きく、先進国で 2020 年、途上国で 2040 年の全廃が目標となっている。フロンによるオゾン層破壊のメカニズムなどの詳細は第 7 章で述べる。

2・5　海洋汚染

　海洋には、人間活動によってさまざまな汚染物質が排出されている。それらの物質は、ごみや生活排水、工場排水などによって陸上から流出するケースや、タンカー事故などによる石油や油脂、船舶からのバラスト水や人間の手によって放棄されたものなどさまざまである。

　日本近海では、海洋汚染は全体として減少傾向にあるが、海岸漂着ごみの問題が深刻化し、漁業や生態系への影響が懸念されている。最近では、とくにペットボトルやレジ袋などのプラスチック製品から発生するプラスチックごみによる海洋汚染が深刻化している。そのなかでも、海に流出し数 mm 以下の大きさに細かく砕かれたマイクロプラスチックがとくに問題視されている（第 7 章 6 節）。

　環境汚染がとくに深刻な問題になる場合には、戦争・紛争や事故による石油関連施設からの石油の流出、悪天候や人為的ミスによるタンカーの座礁による原油

流出事故などがある。1989年3月にアラスカ沖で起きたエクソン・バルディーズ号の座礁事故では、約42,000 kLの原油が流出し、周辺海域でラッコや海鳥などの生物を死滅させ、地元漁業に莫大な被害を与えた。1997年1月には日本海でもナホトカ号の海難と、それによる重油流出事故が発生した。約6,240 kLにも及ぶ重油流出によって、重油の漂着は福井県沿岸を中心に日本海側の10府県に及び、約53,000 kL（海水、砂、ムース化による体積増を含む）が延べ約30万人の人手によって除去された。この事故では、外洋での油汚染除去体勢や危機管理体制、国際協力のあり方などについての多くの問題点が明らかになった。

流出した石油は、海面で急速に拡散して広がり、同時に揮発成分が蒸発する。蒸発量は流出油によって異なり、原油の場合かなり多くなるが、重油では少ない。海面に広がった油分の一部は細かな粒子となって海水中に分散していく。海面を漂っている油膜は時間の経過とともに徐々に水分を吸収して「ムース」と呼ばれる半固体状になり、その後、「タールボール」という固まりになる。このようにして海中に分散した油は、海底に沈降したり、微生物による分解を受ける。しかし、この過程で海鳥に付着したり、魚介類が摂取したりしてほとんどの生物に重大な影響をおよぼすことになる（図2・7）。

また、環境中に放出された有機水銀やPCB（ポリ塩化ビフェニル）などの化学物質は、直接海へ流出したり、大気汚染物質が雨などとともに海洋に達したり、

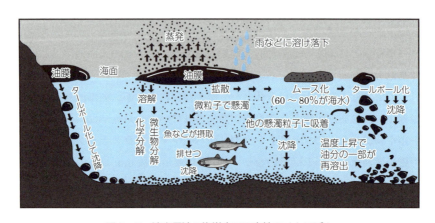

図2・7 流出原油の海洋中での変性のメカニズム

2・6 森林破壊と砂漠化

陸上から大気中を拡散して長距離を運ばれ海に溶解する。それらが、海洋生物の体内に取り込まれ、食物連鎖により生態ピラミッドの頂点に近いマグロなどの大型魚類やイルカ、クジラなどの哺乳類に大量に蓄積することも問題となっている。日本では 1970 年に海洋汚染防止法（海洋汚染及び海上災害の防止に関する法律）が制定されている。

2・6　森林破壊と砂漠化

　世界の陸地の約 31 ％が森林であるが、現在、毎年約 1,300 万 ha が減少している。しかし、中国やヨーロッパなどでは、植林や自然増によって増加している地域もあり、差し引きで世界全体では約 500 万 ha が減少している。森林の減少は、地域別にみると、東南アジア、アフリカと南アメリカでの減少が多く、とくに世界の森林面積の半分を占めている熱帯林の減少が問題となっている。熱帯林の減少は、木材資源の枯渇をまねくだけでなく、地球温暖化の加速や野生生物の生息域を狭めて生物多様性の減少につながることになる。

　このような森林破壊の最大の要因は、木材の商業伐採であり、木材の搬出のため道路が造られ、過剰な伐採が繰り返されている。そのほか、地域によっても異なるが、農地や放牧地の確保のための開拓、伝統的な焼き畑農業、薪炭材の過剰な伐採なども原因としてあげられている。近年では酸性雨による森林破壊も深刻である。

　森林は、水源涵養や CO_2 吸収の機能があって自然環境保全に役立っているため、違法伐採対策、森林火災の予防、植林などの対策が進められている。

　一方、熱帯林の破壊と並行して、陸地全体の 1/4 にまで地球の砂漠化が進行している。一般に、砂漠化とは、土のなかの栄養分が減って植物が育たなくなることをいう。1996 年に発効した砂漠化対処条約では、砂漠化は、「乾燥、半乾燥、乾燥半湿潤地域における種々の要因（気候変動および人間の活動を含む）に起因する土地の劣化」であると定義されている。

　国連環境計画（UNEP）などのデータによると、世界には 61 億 ha 以上の乾燥地（年間降水量が蒸発量を下回る）が存在し、地球の陸地の約 40 ％近くを占めて

いる。こうした乾燥地域には、世界の人口の約30％の人々が生活しているとされ、世界の食料生産の約75％を占めていて豊かな農地も多い。そのうち約9億haがきわめて乾燥している地域（砂漠）である。また、砂漠化の影響を受けている地域は、約36億haに達しており、そのうち面積の最も広い大陸はアジア、乾燥地面積に占める土壌劣化の割合が最も多い大陸はアフリカであって、約73％に達している（図2・8）。

砂漠化の原因は、乾燥地での過度の家畜放牧や植物採取、さらに地球温暖化による土壌中の水分量の減少や水源の枯渇、土地の乾燥化がおもなものである。1960年から1970年代のアフリカのサハラ砂漠の南側のサヘル地域を襲った大干ばつを契機に、1977年「国連砂漠化会議」が開かれ、国際的な砂漠化対策の取組みが開始された。現在、砂漠化対処条約に基づき、先進諸国とNGO（非政府組織）が中心となり、砂漠化防止に向けた取組みが実施されている。内容は、適切な耕作・放牧、水の確保と制御、防風・防砂などを目的とした農業や林業、土木などの技術指導から、薪炭の使用量を減らすための生活の改善などの広範囲に及び、それぞれの風土にあった持続可能な取組みが模索されている。

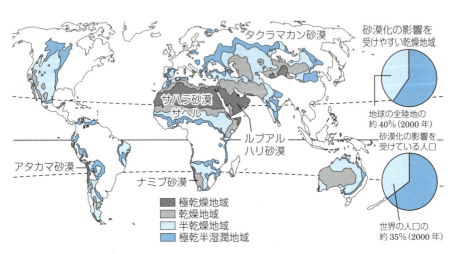

図2・8　砂漠化が進んでいる世界の地域
（出典：環境省資料／Millennium Ecosystem Assessment（2005））

2・7 地球環境問題への取組み

> **column**
>
> ### 環境 NGO
>
> 　環境 NGO（Non-Governmental Organization）は、環境保護のための活動を行っている非営利の非政府組織である。世界には国際自然保護連合（IUCN）、WWF（世界自然保護基金）やグリーンピースなどの国際的によく知られている団体のほか、草の根レベルで活動しているさまざまな環境 NGO がある。
>
> 　日本には1万団体以上の環境 NGO が存在していると推定されており、環境 NGO が、社会に与える影響は次第に大きくなっている。なお、NPO は Non-Profit Organization の略で、「民間非営利組織」などと訳される。

2・7　地球環境問題への取組み

　以上のような地球規模での環境問題の解決を図るため、1972年、「かけがえのない地球」をスローガンに、国連人間環境会議（スウェーデン・ストックホルム）が開かれた。この会議では、環境問題がはじめて国際的に検討され、人間環境宣言が採択された。この宣言では、よりよい環境が人間の福祉や基本的人権、さらに生存権そのものを享受するために不可欠であると強調している。その結果、1972年には国連の環境活動の調整機関として国連環境計画（UNEP）が設立された。

　また、米国の経済学者 K. E. ホールディングは、1960年代半ばに、地球を閉ざされた環境にある宇宙船にたとえて「宇宙船地球号」と呼び、地球を一つの運命共同体としてとらえた。

　1992年の国連環境開発会議（地球サミット）では、「持続可能な開発」が地球環境問題に対する基本理念として確認され、温暖化対策の柱となる気候変動枠組条約が締結された。1997年、地球温暖化防止京都会議（**COP3**）で、温室効果ガス排出量の具体的な削減目標が採択された（京都議定書）。それにより、2008年から12年の間に、温室効果ガスを1990年の排出量の6%、アメリカは7%、EUは8%削減し、先進国全体で5.2%の削減をめざすことになった。しかし、中国やインドなどの開発途上国には削減義務がなく、2001年にはアメリカが条約から離

2. 地球環境問題

脱した。そのため、議定書の発効があやぶまれたが、2004年にロシアが批准したため、2005年2月に発効した。その後、2008年から2012年の第1約束期間が終わり、COP21で2020年以降の地球温暖化対策の新しい枠組みとしてパリ協定が採択され、2016年11月に発効した。

　地球環境問題に対して、以上のようにさまざまな取組みが行われている（**表2・1**）。国家間の協力は必要であるが、私たち一人ひとりが日常の生活スタイルなどを見直して行動することも重要である。この地球規模の環境問題を考えて、地域で解決のために行動することは、"Think Globally, Act Locally" という標語で表されている（p.30 コラム）。

表2・1　地球環境問題への国際的な取組みの歩み

年代	事項	年代	事項
1971	ラムサール条約採択	1992	国連環境開発会議（リオデジャネイロ）、気候変動枠組条約や生物多様性条約締結、森林原則声明採択
1972	国連人間環境会議で人間環境宣言を採択		
1973	国連環境計画（UNEP）発足 ワシントン条約採択	1994	砂漠化防止条約採択（パリ）
1974	世界人口会議（ブカレスト）	1997	京都議定書採択
1977	国連水会議（マルデルプラタ） 国連砂漠化防止会議（ナイロビ）	2002	持続可能な開発に関する世界首脳会議（ヨハネスブルク）
1985	オゾン層保護のためのウィーン条約採択	2005	京都議定書発効
		2010	COP10、名古屋議定書採択
1987	モントリオール議定書採択	2011	COP17で京都議定書延長
1988	気候変動に関する政府間パネル（IPCC）設置	2012	国連持続可能な開発会議（リオ+20）開催
1989	バーゼル条約採択	2013	水銀に関する水俣条約を採択
1990	モントリオール議定書第2回締約国会議（ロンドン）でフロンガスの2000年までの全廃を決定	2015	COP21「パリ協定」採択

ポイント

- 地球の環境問題は時間・空間スケールが大きく、多様な要素が絡み合って複雑化している。
- 地球の環境問題には、温暖化、酸性雨、オゾン層破壊、海洋汚染、森林破壊、砂漠化、生物多様性の減少などがある。
- 酸性雨、森林破壊、砂漠化、生物多様性の減少の問題は依然として解決が難しく、オゾン層の破壊を防ぐフロンの規制の効果はまだ出ていない。
- 地球温暖化は、これまでの国際的な取組みでは大気中の CO_2 濃度抑制効果がなく、世界の平均気温は上昇し続けている。
- 海洋汚染では、プラスチックごみの増大が新たな問題としてクローズアップされ、とくにマイクロプラスチックの生態系への悪影響が危惧されている。
- 地球環境の変化は人間社会にフィードバックされ、影響を及ぼすため、地球全体の環境負荷を国際協力によって下げる必要がある。
- 地球環境問題に対して、国際的にさまざまな取組みが行われているが、温暖化の問題については先進国と開発途上国、またそれぞれのグループのなかでも利害の対立があり、取組みの難しさがある。

演習問題

2·1 地球温暖化、酸性雨、オゾン層の破壊、森林破壊、砂漠化について、それらの原因と影響・被害などをまとめてみよ。

2·2 企業の地球環境に対する取組みについて、次の観点から調べてみよ。
 (1) 商品のパッケージや材質などの工夫
 (2) ゼロ・エミッション（第10章6節）を試みている企業の活動例

2·3 地球環境問題に対して私たちができることを考えてみよ。

2. 地球環境問題

column Think Globally, Act Locally

　環境問題を語るときに"Think Globally, Act Locally"という言葉がよく使われる。「地球規模で考え、地域で行動しよう」という意味である。1960から1970年代のアメリカの市民運動で盛んに使われ、その後、環境に関する行動指針として世界中で広く使われるようになった。世界が直面している地球環境問題や世界の貧困、食料問題、異文化対立の問題など種々の問題は私たちの暮らしと密接につながっている。今日では私たち消費者も、企業も環境に配慮した消費行動や製品づくりが欠かせなくなってきている。

　企業の代表的な活動に **ISO（国際標準化機構）** による認証制度があり、環境負荷を低減させるための国際規格として ISO 14000 シリーズが設けられている。これは企業が、環境方針を計画（Plan）、実施（Do）、点検（Check）、見直し・改善（Act）の4段階のサイクル（PDCAサイクル、図2・9）を構築し、環境負荷の低減を図るものである。この成果を次のPDCAサイクルにつなげ、スパイラルアップといわれる螺旋状で、1周ごとにサイクルを向上させて、環境の継続的改善を図るものである。

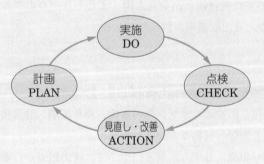

図2・9　PDCAサイクル

　一方、消費者側にも、**グリーン・コンシューマー**と呼ばれる活動がある。これは、環境問題の知識だけでなく、それを行動に結びつけ、買い物をするとき、通常の製品より高価であったり、品質が多少劣っても環境に配慮した製品を率先して購入するという考え方である。

3 地球温暖化

　世界の年平均気温は年々上昇し続けており、ハワイにあるマウナロア観測所のデータによると、2018年4月、大気中の二酸化炭素（CO_2）の月平均濃度が観測史上、はじめて410 ppmを超えた。このCO_2濃度は過去80万年で最高レベルにあるとされ、今後、私たちの健康や身のまわりの自然環境、地球環境に大きな悪影響を及ぼすことが懸念されている。本章では温暖化の現状とメカニズム、CO_2の特性、温暖化の影響などをみる。

3・1　温暖化のメカニズム

　地球温暖化は、おもに石油や石炭などの化石燃料の燃焼によって排出されるCO_2が人間の経済活動などにともなって増加する一方、森林の破壊などによってCO_2の吸収が減少（あるいはCO_2を放出）することにより、地球全体の気温が上昇している現象である。地球の温暖化に関係する**温室効果ガス**には、メタンや一酸化二窒素（N_2O）などの影響もあるが、CO_2が最大の要因と考えられている（**図3・1**）。

　1997年の京都議定書では、CO_2とメタン（CH_4）、一酸化二窒素（N_2O）、フッ素系ガスの代替フロン（ハイドロフルオロカーボン類（HFCs）、パーフルオロカーボン類（PFCs）、6フッ化硫黄（SF_6））の6種類が削減対象となる温室効果ガスと定められた。このうち、温室効果ガスの総排出量に占めるCO_2の割合は、世界平均では図3・1のように76.0%（2010年）である。日本の場合、2016年度の温室効果ガスの総排出量は、CO_2換算で13億2,200万tであり、前年度より0.2%減であったが、CO_2が12億2,200万tで92.4%を占めていた（環境省による）。なお、代替フロンのCFCs、HCFCsはオゾン層保護を目的としたモントリオール議定書によって規制されているため対象外になっている。

　世界気象機関（WMO）によると、2016年のCO_2の世界平均濃度は403.3 ppm

3. 地球温暖化

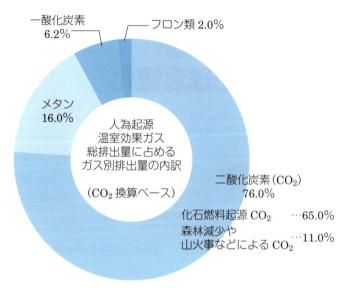

図3・1　2010年の温室効果ガスの種類別排出量の割合
（出典：IPCC第5次評価計画書 Fig.SPM.1、全国地球温暖化防止活動推進センターウェブサイト（http://www.jccca.org/））

（ppmは100万分の1、体積比）と観測史上最高を更新し、産業革命前の水準（278 ppm）の1.45倍に増加した。世界と日本の年平均気温は、長期的には100年あたり、それぞれ約0.71℃、約1.16℃の割合で上昇しており、とくに1990年代半ば以降、高温となる年が頻出している。

温暖化のメカニズムは、**図3・2**のように太陽から地球に可視光を中心とする短波長の光エネルギーが放射される（太陽放射）。このうち、約34%は大気に反射されて地球の外へ出て行く。約18%が大気に吸収され、残りの約48%が地球表面まで到達し地球を温める。温められた地球の表面からは、その温度に応じた赤外線を主とした長波長の光が放出（地球放射）される。このとき、大気中の水蒸気やCO_2などの温室効果ガスによって、地球放射の赤外線が吸収され、宇宙空間に出て行く赤外線の量が減って、地球の大気が温められる。これを**温室効果**という。近年、人間の活動により大気中の温室効果ガスが急激に増加したため、大気中でさらに多くの赤外線が吸収され、地表に放出されることによって温暖化の進

3・1 温暖化のメカニズム

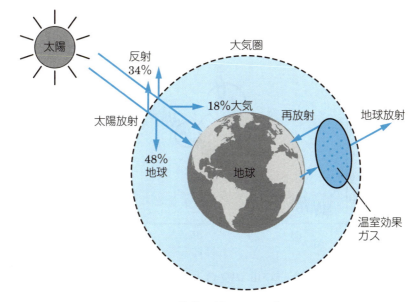

図3・2 地球温暖化のメカニズム

行をまねくことになったと考えられている。IPCC第5次報告書では、「人間の影響が20世紀半ば以降に観測された温暖化の支配的な原因であった可能性がきわめて高い」と述べられている。

図3・3 は1958年から測定されているハワイのマウナ・ロア山のアメリカ海洋大気庁の2015年までの観測結果である。この間に CO_2 濃度は、植物の光合成の活動による夏と冬に起因する季節変動が観測されているが、315 ppm から 400 ppm（2015年）へと増加している。

増加した CO_2 により温暖化が進むと、さらに図3・4 のようなフィードバック（ある結果が元の原因に影響を与え、それによってまた結果が影響を受けるという因果関係がサイクルのようになる状態）というメカニズムで水蒸気、雪氷、植生の変化によって温暖化に拍車がかかると考えられている。

(1) 水蒸気のフィードバック

温暖化によって気温が上昇すると海洋からの水の蒸発が増え、その結果、大気

33

3. 地球温暖化

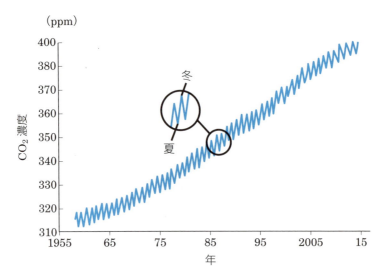

図 3・3 マウナ・ロア山（ハワイ）における大気中 CO_2 濃度の変化
（出典：世界気象機関（WMO）温室効果ガス世界資料センター）

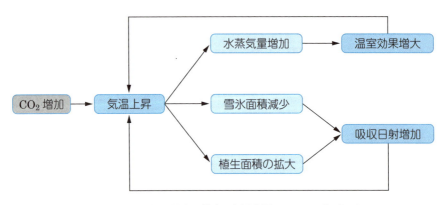

図 3・4 水蒸気、雪氷、植生の気温上昇へのフィードバック

中の水蒸気量が増加して温室効果が高まり、気温の上昇につながる。

(2) 雪氷のフィードバック

雪や氷は太陽光をよく反射してほとんど吸収しないが、温暖化によって高緯度

地域で雪や氷が溶けると、太陽光の反射が少なくなる。その結果、太陽エネルギーがより多く地表面に吸収されることになり、気温が上昇する。

例えば、北極海で太陽光を反射する氷が溶けると、海水が熱を吸収しさらに氷ができにくくなり、雪だるま式に温暖化が進むことが予測されている。

(3) 植生のフィードバック

温暖化によって高緯度地域も植物によって覆われるようになると、植物は太陽光を吸収するため、より多くの太陽エネルギーが吸収されるようになり、気温の上昇につながる。

このほか、炭素循環フィードバックと呼ばれる現象も注目されている。これは、大気中の CO_2 濃度の変化に対して海洋や陸域の炭素収支が応答した結果、大気変化を抑制(負)または加速(正)する作用である。このフィードバックの方向や規模は、大気の変化に対する海洋(溶解/放出)および陸域生態系(光合成/呼吸)の CO_2 収支応答でほぼ決まると考えられているが、科学的には未だ未解明の点が多い(第3章3節)。

3・2 CO_2 の温室効果

CO_2 は、大気中に存在する気体として窒素、酸素、アルゴンに次いで多く、現在、約 0.04%(= 400 ppm)含まれている。CO_2 は、おもに炭素を含む物質(化石燃料など)の燃焼や、生物の代謝活動によって生じる。多くの植物は、光合成によって水と CO_2 から酸素と炭水化物を生成する。CO_2 は、常温では気体であり、気体の状態の CO_2 は「炭酸ガス」、その固体は「ドライアイス」と呼ばれ、大気中では液体の状態をとらず、直接固体から気体へ変化(昇華)する。水に溶けると「炭酸水」といわれ、弱酸性を示す。分子量は 44、空気の平均分子量 29 よりかなり重く、無色、無臭の気体である。

CO_2 が温室効果を示す理由は、その分子構造にある。この分子は、分子全体では電気的に中性であるが、分子内で電子の偏りがあり、中央の炭素原子が少しプ

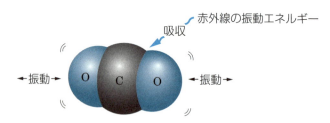

図 3・5　CO_2 の温室効果のメカニズム

ラス、両端の酸素原子が少しマイナスになっている。そして、この分子は重心を固定して上下左右に、1秒間に10兆回の速さで振動しており、その振動数と同じ振動数をもつ赤外線がこの分子に近づくと、CO_2 はこの赤外線を吸収して分子振動が激しくなる（**図 3・5**）。その後、今度は同じ振動数の赤外線を外部に放出して元のエネルギーの低い状態に戻る。このように、CO_2 は赤外線のエネルギーを吸収したり、放出したりする。一方、空気中に大量にある窒素や酸素は、同じ種類の原子から一つの分子ができており、電子の偏りがないため、赤外線を吸収できない。

　温室効果ガスは、種類によって1分子あたりの温室効果の大きさが異なる。ある気体の大気中における濃度あたりの温室効果の100年間の強さを比較し、CO_2

表 3・1　温室効果ガスと地球温暖化係数（GWP）

化学式	大気濃度 （2005年/ppb）	大気寿命 （年）	GWP （100年）
CO_2	379,000	—	1
CH_4	1,774	12	25
N_2O	319	114	298
CCl_3F	0.251	45	4,750
CCl_2F_2	0.538	100	10,900
$CHCl_2F$	0.169	12	1,810
SF_6	0.006	3,200	22,800

（出典：地球環境センターニュース、Vol.18、No.10（2008年））

の温室効果を1として表したものを地球温暖化係数（GWP：Global Warming Potential）という（**表3・1**）。各温室効果ガスの影響は、大気中の濃度の人為的増加量とGWPの積で評価されることになる。京都議定書の枠組みでは、対象とする温室効果ガス排出を100年GWPでCO_2に換算して各国の排出量の総和を求め、温室効果ガス全量の削減を目指した。

3・3　CO_2の発生と吸収

地球全体でみると、（炭素の重量でみた）おおよその1年間のCO_2発生量は**図3・6**のように、化石燃料の燃焼によって58億t−C、森林破壊によって15億t−C、合計で73億t−Cであり、大気中のCO_2全量（7,300億t−C）の約1%に上ると推定されている。発生したCO_2は植物や土壌に吸収されると同時に海水に溶け、合計で38億t−Cが消失し、大気中に35億t−Cが蓄積する。この大気中に蓄積されるCO_2の量が年々少しずつ増加している。

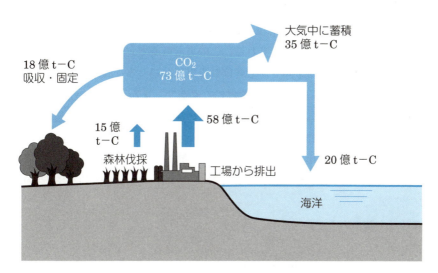

図3・6　地球規模でのCO_2の発生と吸収
図中の数値はCに換算した値：CO_2換算では3.67倍
CO_2の分子量（44）/Cの分子量（12）

3. 地球温暖化

　CO_2 は水に溶けると、第2章3節で説明したように、気体の CO_2 そのままのほか、$H_2CO_3^-$、CO_3^{2-}、HCO_3^- の4種の形で存在する。それらの割合は水溶液中のほかのイオンや塩類、温度、pHなどによって変化し、CO_3^{2-} は塩基性の強い環境条件でのみ存在する。一般に通常の気体と同様に、水温が低いほど水によく溶ける性質があり、圧力をかけるほど溶解度が増す。この性質を利用した CO_2 の深海・地下貯留技術（CCS）の開発が進められている（第4章3節）。

　海洋は図3・6のように CO_2 を吸収して地球温暖化の進行を緩和する役割をしている。CO_2 は海の表面から溶け込み、ゆっくり深いところへ広がる。しかし、近年、CO_2 が大量に溶け込むようになって海水のpHが通常の8.1前後の弱アルカリ性から、じわじわ中性に近づいている海洋酸性化が日本近海で観測されている。IPCCが2014年に公表した報告書でも、産業革命が始まった18世紀後半に比べpHが0.1程度下がったと推測している。今のところ、ごくわずかなpH変化であるが、海の生態系に影響を与えていると考えられ、魚介類などへの影響を調べる研究が始まっている。

　CO_2 に起因する地球上にある炭素がさまざまな形で移動する現象を炭素循環という。炭素は大気や陸上、海中の動植物、海洋、地中の堆積物などに含まれ、呼吸や光合成などで相互に交換される。この炭素循環で、海洋、土壌や永久凍土を介して炭素循環フィードバックと呼ばれる現象が起こる。海洋では、海水に溶け込んだ CO_2 は気温が上昇すると溶けにくくなり、また海水が酸性化して逆に CO_2 の放出源になる可能性がある。海面近くの植物プランクトンや海藻の光合成による有機物の生成も膨大な量で、1年間に数百億tにも上ると推定されている。これは、熱帯の森林が生成する「グリーンカーボン」と呼ばれる有機物量に匹敵し、**ブルーカーボン**として温暖化対策（第4章3節）においても注目を集めている。

　森林や土壌からなる陸域では、落ち葉などを分解して土壌に CO_2 を蓄積する役割を果たしていた土壌中の微生物の活動が気温上昇で活発化し、その呼吸によって排出量が増加し、温暖化ガスを吸収していた陸域が全体として CO_2 の放出源に転じるおそれもある。また、永久凍土が溶解すると封じ込められていたメタンが大量に大気中に放出され、温暖化が加速される。なお、世界人口約75億人

の呼吸による CO_2 発生量は、炭素換算で約 6 億 t－C と意外に多いが、この分は自然界の炭素循環に組み込まれている。

3・4　地球温暖化の影響

　世界の平均気温は上昇し続けているが、このまま温暖化が進行すると、2100 年には世界の平均気温は産業革命前と比べて最大 4.8 上昇するという IPCC の予測もある。現在、世界各地で異常気象が起きている。オーストラリアの 2002 年以降の大干ばつの発生、アメリカでの巨大化したハリケーンによる被害などである。われわれの周りでも、冬の東京湾の海水温の上昇が観測され、南方産の貝「ミドリイガイ」の越冬や、ノリ養殖の漁期が短くなるなどの影響が出ている。

　2006 年に発表されたスターン報告（「気候変動の経済学（The Economics of Climate Change）」）では、激しい気象や気候変化による物理的な被害や人的な被害、生活環境の変化、経済システムの変化、社会制度の変化などが懸念されている。

　一方、IPCC の第 5 次評価報告書（**表 3・2**）によれば、気候変動の原因は 95% 以上が人間活動によるものであるとしており、観測による事実として、1880 年から 2012 年の間にかけて、0.85℃ の気温上昇があるとしている。

表 3・2　IPCC 第 5 次評価報告書（2013 年 9 月～2014 年 4 月）のポイント

①温暖化は主として化石燃料の燃焼で引き起こされており、とくに CO_2 排出量の大きな石炭の影響が大きい。
②このままなにも対策をとらないと、今世紀末には産業革命前と比べて 3.7～4.8℃ の気温上昇が予測される。
③気温上昇 2℃ 未満に抑えても影響は甚大であり、温暖化の影響に対する「適応」が必要である。しかし 4℃ 上昇すると、「適応」が不可能となり、世界的に食料や水の確保に大きな困難が生じる。
④2℃ 未満に抑えるためには、2050 年までに世界の温室効果ガスの排出量を 2010 年に比べて 40～70% 削減する必要があり、低炭素エネルギーへの転換などエネルギーの根本的な改革が必要である。

3．地球温暖化

　最新の IPCC 第 6 次報告書は 2021 年から公表されるが、「産業革命前からの平均気温上昇が、早ければ 2030 年に 1.5℃に達する恐れがある」とする IPCC 1.5℃特別報告書が 2018 年 10 月に公表された。

　地球温暖化による影響は、気候・自然環境への影響と、社会・経済への影響に大別される。これまでの数々の事実から、地域的な気温の変化が氷河や海氷、動植物などに対して、すでに影響を及ぼしつつあることが明らかになっている。今後、予想される温暖化の影響には、次のようなものがあげられるであろう。

(1) 異常気象

　温暖化が進むと、空気中に含まれる水分の量が増えるため、以前よりも雨雲ができやすくなる。平均降水量は地球全体で増加するが、雨の多い地域はさらに多く、逆に少ない地域ではますます少雨になることも予測されている。また、洪水や干ばつ、暴風雨、熱波や寒波が起こりやすくなる。

　多くの沿岸域では、水系のはんらんの増加や海岸侵食の加速、地下水など淡水資源の塩水化がおきる可能性が高くなる。また、温暖化の影響で海水温が上昇し、とても強い勢力をもつ熱帯低気圧が発生する頻度が増えると予想されている。

　最近、日本でも集中豪雨が増え、温暖化とヒートアイランド現象によって 1 日の最高気温が 35℃以上の日が 1990 年以降急増し、東京などの大都市では 20 年前の約 3 倍になっている。オーストラリアでは 2002 年から断続的に大干ばつが続いている。

(2) 海水面の上昇

　南太平洋の島国、ツバル共和国では、この 10 年で約 6 cm 海面が上昇し、国土が水没の危機に陥っている。大潮のときには、地面から海水が噴出し、国中が水浸しになる。イタリアのベネチアでは 100 年で 10 cm 海面が上昇し、街の中心部が 1 年で 40 回も海水につかるようになり、ルネサンス時代の建築物が被害を受けている。中国では、過去 30 年の間に上海で 11.5 cm、天津で 19.6 cm 海面が上昇した。世界では、海水面の上昇によって居住できなくなる環境難民が増えており、そういった人々の移住や土地をめぐる国際紛争が生じることも危惧されている。

3・4 地球温暖化の影響

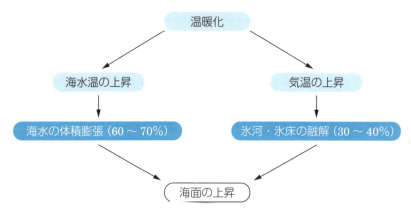

図3・7 海水面上昇のおもな要因

　海面の上昇の最も大きな要因は、海水温の上昇により、海水自体の体積が膨張することによって起こると考えられている（図3・7）。IPCC第4次評価報告書では、21世末までに世界の海では海面が最大59 cm上昇すると予測している。局地

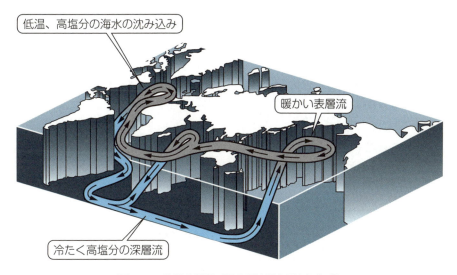

図3・8 海洋大循環（国立環境研究所より作成）

的には大幅な海面の上昇や、深海の海水温の上昇が危惧されている。深海が温暖化すると海洋大循環（**図 3・8**）が大きく変動する可能性がある。

海水温上昇は、ほかに溶存酸素濃度の低下をまねき、酸素不足の海域が生じて生態系に影響を及ぼし、サンゴの白化や海洋生物の生息域の変化がすでに観察されている。やがて海の砂漠化が進行したり、漁業資源の減少など経済活動にダメージが出るおそれもある。

---

column 　　　**地球は寒冷化？**

　海洋水の循環は、風による力で海流が形成されるものと、温度・塩分濃度に起因する海水の密度差によって起こる流れがある。一般に表層では前者、深層では後者が支配的である。

　海洋大循環は、図 3・8 に示すように 2000 年周期で地球を循環しているもので、気候の安定や生態系の維持に大きな影響を与えているといわれる。海水は、北大西洋のグリーンランド沖で冷却されて蒸発によって塩分濃度が高くなり深層へ沈み、南下して南極海・インド洋・南大西洋を経て北上し、北太平洋で表層へ上昇する。インドネシア多島海・インド洋・アフリカ大陸南端を経て温められて、大西洋を北上し、再びグリーンランド沖へ戻る。この流れは、熱帯地方の気温を低下させるとともに、ヨーロッパや北米の気候を緯度のわりに温暖なものにして、気候の安定や生態系の維持に大きな影響を与えているといわれる。

　しかし、温暖化が進むと南極・北極の氷が融解し、海水中の塩分濃度が減り、グリーンランド沖での海水の沈み込みが停止することが予想される。それによって北大西洋海流などの流れが変化して寒冷化し、氷河期に向かう可能性もあるという見方もある。アメリカの映画「デイ・アフター・トゥモロー」（2004 年）はそのストーリーによるものであった。

（3）生態系の変化

気温が上昇すると、南方の生態系は北上して環境に適応しようとする。樹木の北上可能速度は 20～100 km/100 年といわれるが、農耕地や住宅地、人工林などにより、北上を妨げられたり、植生の分断が起きる可能性がある。動物のうち森

林に依存しているものは、食物連鎖が崩れたり、繁殖地が減少したりして、絶滅の危機に瀕するものが出てくる。とくに高山や極地の生態系は最も影響を受けやすい。富士山では以前は7合目で高山植物がみられたが、今では8合目以上でないと確認できなくなっており、植生が上昇してきている。

一方、北極の氷はここ100年で最も縮小してきており、イヌイットの狩の地域をせばめ、ホッキョクグマやアザラシなどの生息を脅かしている（図3・9）。また、マラリアや西ナイル熱、デング熱などを媒介するヒトスジシマカ、アカイエカなどの生息域の拡大による伝染病の増加が心配される。すでにアメリカでは、1990年代から、マラリアと西ナイル熱が発生している。

図3・9　温暖化で絶滅が危惧されるホッキョクグマ

海水温の上昇によって、海洋生物の生息域も変化する。日本近海の海水温はこの100年で約1℃上昇し、本州南岸では30年間で約2℃水温が上昇しているところもある。すでに、有毒渦鞭毛藻ガンビエールディスカスが亜熱帯や熱帯の海から北上して本州にも定着している場所が広くなってきている。また、とげに猛毒をもち、サンゴを丸ごと食べてしまうオニヒトデが沖縄で大繁殖し、水温が上がると生育が早まるため北上が進み、三宅島でも生息が確認されている。

国際自然保護連合（IUCN）の2008年の報告書は、「地球温暖化によって鳥類の種の35％、両生類の52％、サンゴの71％、計7千種以上の生物が、生息地を失うなどの悪影響を受け、絶滅の危機に瀕する」と警鐘している。

（4）農業生産

　CO_2 濃度の上昇は、温度と光の条件が同じであれば、光合成が活発になって作物の生育が一般によくなる方向に働くが、河川下流域では、海水の浸入による塩害が起こりやすくなる。また、河川中流域では生態系の多様性がない単一作物を栽培しているケースが多いため、気温や気候の影響を受けやすい。さらに、気温上昇によって土壌中の水分が蒸発しやすくなり、総合的には食料の生産性は低下するものと予想されている。

　IPCCによると、小麦、トウモロコシ、イネの3種について、温帯では1〜2℃の上昇なら CO_2 濃度の上昇で光合成が活発化し、収穫量が最大10%増加する。しかし、温度が3℃上昇すると収穫量は減少し始め、5℃の上昇では最大20%減となる。一方、熱帯では1℃の上昇で、収穫量が減り始め、小麦は最悪の場合、収穫量が半減すると予測されている。

（5）そのほかの悪影響

　海流の変化によって産業構造（沿岸の観光資源の被害など）の変化や、ウインタースポーツができなくなる、真夏日が増えて光化学スモッグやヒートアイランド現象が深刻化して熱中症が増加する、インフルエンザが夏に流行する、食中毒が増加する、などといった人体への健康リスクも懸念される。安全保障面の問題としては、温暖化により水不足や農業生産の低下で紛争拡大や地域の不安定化が予測される上、住む土地を奪われた環境難民が発生するおそれもある。

（6）プラスの影響

　温暖化により悪影響を受ける国や地域ばかりでなく、逆に寒冷地では気温上昇によって、住民の生活が快適になり、従来、雪や氷で土地利用が制限されていたところで産業活動や農業、レジャーなどが盛んになることも予想される。とくにアメリカの穀倉地帯のように、これまで小麦やとうもろこしの栽培に適していた地域が、カナダなど北部に移動したり、ロシアの農業生産が飛躍的に増大したりすることなどが予想される。

column　CO_2と温暖化の因果関係の異論

　近年のCO_2濃度の上昇と気温の上昇とは変化のパターンがよく一致している。しかし、これは単に二つの変数の相関をみたものにすぎず、現在の科学のレベルではその因果関係に未解明の部分が多く異論もある。一つは、CO_2濃度の上昇が気温上昇をもたらすのではなく、逆に気温上昇によってCO_2濃度が上昇すると考える説である。これは、気温が上昇すると海水温度が上昇し、溶解できるCO_2が減少するため大気中のCO_2濃度が上昇すると考えるものである。また、別の見方では、気温が上がると蒸発する海水が多くなり、大気中の水蒸気の量が増し、この水蒸気による温室効果の寄与がCO_2よりもずっと大きいとみるものである。さらに、CO_2の増加だけでは最近の気温上昇の説明は無理であり、地球の気候の変動は、地球の軌道パラメータ（地軸の傾きや軌道離心率）、地球磁場と宇宙線、太陽活動の変化といった天文学的要因に、大気と海洋のバランス、氷床の発達と融解、火山の噴火などが絡み合っているという見方もある。アメリカ航空宇宙局（NASA）の観測によると、最近、黒点の見えない日が多くなり、太陽活動が約100年ぶりの低水準にあることがわかっている。

ポイント

- 近年、人間活動の拡大にともなってCO_2、メタンなどの温室効果ガスが大気中に大量に排出されることで、地球が温暖化している。
- 日本が排出する温室効果ガスのうち、CO_2が全体の排出量の約92％を占めている。
- CO_2の上昇は、それだけが地球の気温の上昇につながるのではなく、それによって影響を受けた大気中の水蒸気、雪氷、植生の気温上昇へのフィードバックがある。
- CO_2の温室効果は、分子内で分極し、高速で振動しているために赤外線を吸収する特性による。
- 地球規模のCO_2の発生と吸収の炭素循環を考えると、海洋に吸収されるCO_2の量が増え続けており、海洋の酸性化が危惧されている。

3. 地球温暖化

- 💡 地球温暖化による影響は、気候・自然環境への影響と、社会・経済への影響に大別される。
- 💡 温暖化による海水面の上昇の最も大きな要因は、気温上昇による海水の熱膨張である。
- 💡 温暖化の影響には、マイナスの面ばかりでなく、寒冷地が人間や生物にとって活動に適するようになるプラス面もある。

演習問題

3・1 大気中の窒素、酸素およびアルゴンが温室効果ガスではない理由を説明せよ。

3・2 水蒸気は大気中の濃度が高く、CO_2よりもずっと温室効果が高いが、削減対象の温室効果ガスとみなされない理由を述べよ。

3・3 海洋酸性化が生態系に及ぼす影響について考察してみよ。

3・4 地上付近のオゾン濃度が近年高くなっているが、温暖化との関係を調べてみよ。

3・5 身のまわりで起こっている温暖化の影響と考えられることがらを調べてみよ。

4 低炭素社会の構築

再生可能エネルギーの導入や私たちのライフスタイルを変革することによって、地球温暖化の原因である CO_2 などの温室効果ガスの排出を極力抑えるような環境配慮を徹底した社会システムが、**低炭素社会**である。日本は2050年までに温室効果ガスの60～80%の排出量削減を掲げ、低炭素社会の実現を目指している。

4・1 温暖化を緩和する取組み

地球温暖化の防止のためには、一つの国だけが CO_2 排出量を減らしても、ほかの国々が CO_2 の排出を増やし続けていたのでは、地球規模の温室効果を抑制できない。そのため、世界の国々が自国の利害を超えて協力する必要がある。つまり、温暖化に取り組むための国際的な協力関係の樹立が不可欠である。**図4・1** に、2015年における世界の国別の CO_2 排出量を示す。経済成長が著しく人口も多い中国の排出量が世界の1/4超と最も多く、以下アメリカ、インドの順で、この3か国で世界の約50%の CO_2 を排出している。日本は世界で5番目の排出国であり、ほかの先進国と同様に近年、CO_2 排出量は微減の状況である。

1992年に気候変動枠組条約が地球サミットで採択され、温暖化に対する国際的な取組みが本格的に行われるようになった。1997年12月に京都で第3回締約国会議（COP3）」が開催され、先進国の温室効果ガス排出量について法的拘束力のある排出削減目標を掲げた**京都議定書**（**表4・1**）が採択された。しかし、アメリカは2001年、自国経済への影響などを理由に、議定書から離脱した。2008年から2012年の第一約束期間を終え、日本は第一約束期間で、総排出量は基準の1990年比で1.4%増加したが、森林吸収量3.8%、都市緑化など0.1%、次節で述べる京都メカニズム（CDM）の活用による5.9%の削減によって、最終的に8.4%

4. 低炭素社会の構築

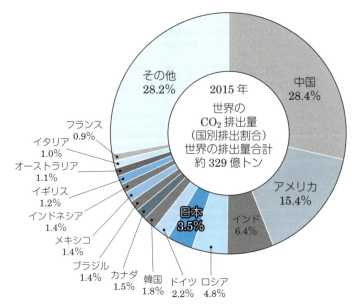

図4・1　CO_2の国別排出量
（出典：EDMC／エネルギー・経済統計要覧2018年版）

表4・1　京都議定書の骨子

・先進国全体で2008〜2012年までの間に1990年の温室効果ガス総排出量に対して、5.2%削減
・対象ガス：CO_2、CH_4、N_2O、HFCs、PFCs、SF_6
・主要国の削減目標：EU→−8%、アメリカ→−7%、日本・カナダ→−6%、ロシア→0%、オーストラリア→+8%、アイスランド→+10%
・先進国が温室効果ガスを削減しやすいように、排出量取引の制度を導入
・発展途上国に対する排出量削減は見送り
・森林などによるCO_2の吸収量を削減目標の達成手段として算入可能

の削減に成功し、削減目標を達成した。2013年から、2020年までの第二約束期間が始まったが、日本は全ての国が参加しない京都議定書は公平性、実効性に問題があるとの観点から、ロシア、カナダとともに不参加になった。

2015年のCOP21で、2020年以降の地球温暖化対策の新たな枠組みとしてパリ

4・2 経済原理による CO_2 削減

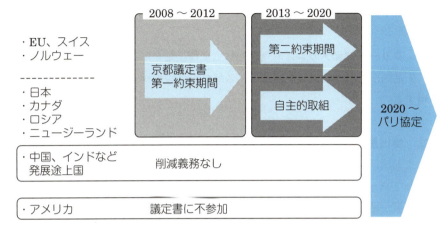

図4・2 京都議定書の継続とパリ協定

協定が採択され2016年11月に発効した。これは世界の温室効果ガス排出量を今世紀後半に実質ゼロにし、産業革命前からの気温上昇を2℃未満、できれば1.5℃に抑えることが目標である。そして、先進国が途上国に、温暖化対策のための1,000億ドル超えの資金援助を行うことを決定した。この国際条約では参加国に対して温室効果ガス削減目標を自主的に決定し、国内対策の実施を義務付ける。全ての批准国が削減目標を5年ごとに見直し、目標達成状況を検証する仕組みが導入される。京都議定書からパリ協定への工程表を図4・2に示す。

4・2 経済原理による CO_2 削減

(1) 京都メカニズム

京都議定書の削減目標の達成は、国や企業による自助努力が前提であるが、それでは達成が困難な場合に備えて、**京都メカニズム**（図4・3）と呼ばれる次の三つの経済的なシステムを設けている。

① **共同実施（JI）**（京都議定書第6条）
　先進国が、ほかの先進国の温室効果ガス削減事業に投資、削減分を目標達成

4. 低炭素社会の構築

に利用する。

② クリーン開発メカニズム（CDM）（京都議定書第 12 条）
先進国が発展途上国で温室効果ガス削減事業に投資、削減分を目標達成に利用する。

③ 排出量取引（京都議定書第 17 条）
先進国同士が削減目標のために排出量を売買する。たくさん削減できれば、それを売って利益を上げることができるが、ほかから購入する必要があり、費用負担が増す。こうした市場メカニズムを活用して企業に排出削減を促すもので、排出量を一種の金融商品とみなす制度ともいえる。

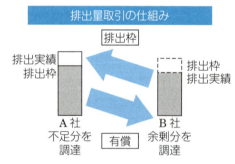

図 4・3　京都メカニズムの概念図

4・3 温暖化対策技術

(2) 環境税の導入

　環境税は、一般に環境破壊や資源の枯渇に対処するために、環境に負荷を与える財・サービスに対して設けられる税金である。法的規制とは異なって、市場メカニズムを利用する経済的手法の一つである。温暖化に対しては、環境税の一種である炭素税（化石燃料の消費に課税）を 1990 年にフィンランドがはじめて導入し、翌年にスウェーデンが続いた。現在ではデンマーク、オランダ、ドイツ、イギリス、イタリア、スイスなどが環境税を導入しているが、その税率や形態、名称は各国それぞれである。デンマークでは、経済成長と環境税による CO_2 の削減を両立させている。

　日本でも 2012 年 10 月から地球温暖化対策のための税が導入された。これは原油・石油製品、石炭、天然ガスなど全ての化石燃料に対して、CO_2 排出量に応じて課税する仕組みである。化石燃料を輸入した場合は輸入業者、国内産であれば採掘した業者がそれぞれ国に税金を納める。その税率はヨーロッパ諸国などの環境税と比べてきわめて低い水準にあるが、段階的に引き上げられ、税収は省エネ対策や太陽光発電、風力発電などの再生可能エネルギーの普及のために使われるというものである。

　なお、二つ以上の政策を組み合わせて行う施策をポリシーミックスというが、北欧諸国やドイツでは先に環境税が導入され、2005 年にヨーロッパ排出量取引制度が導入されたことによって、排出量取引制度と炭素税のポリシーミックスとなっている。

4・3　温暖化対策技術

　温暖化対策には、大きく分けて、悪影響を対処療法的に減少させる「適応策」と温暖化そのものを減少させる「緩和策」がある。前者は、気候変化に対して自然生態系や社会・経済システムを調整することにより温暖化の悪影響を軽減するものである。例えば、温暖化の影響による局地的な豪雨・渇水・土砂災害の規模拡大を避けるため、護岸堤や高潮バリアなどのインフラ整備を行い水災害に適応した都市づくりなどがある。一方、後者は温室効果ガスの排出削減を目的とした

技術的対策が中心になる。

これまでに検討・実施されてきている温暖化対策技術の代表的なものとして、次のようなものがあげられる。

(1) 森林の活用とブルーカーボン

森林は光合成によって CO_2 を吸収・固定化するばかりでなく、植物による水の蒸散作用と、この作用の結果生じる水蒸気により気候を緩和・調整する効果もある。また、先進国が途上国において植林事業を行った場合、CDM によって CO_2 の削減量として認められる。森林破壊については、第6章1節で述べる。

大気中の CO_2 はアマモなどの海草、コンブやアラメなどの海藻、マングローブなども吸収する。樹木が吸収する CO_2 の「グリーンカーボン」に対して「ブルーカーボン」と呼ばれる。国連環境計画 (UNEP) によると世界全体の CO_2 吸収量は年に約9億 t と見積もられ、藻場の再生などが温暖化対策の面からも注目されている。

(2) バイオマスの利用

バイオマスとは、日本語に訳すと生物体量または生物量になり、再生可能な生物由来の有機資源で化石燃料を除いたものである。薪・炭は古くから利用されてきたエネルギー源であり、食品廃棄物や家畜排泄物、稲わら、間伐材などが含まれる。2009 年には「バイオマス活用推進基本法」も施行され、温暖化防止への利用が期待されている。

バイオマスには優れた特性がある。一つは、生命と太陽がある限り枯渇しない再生可能な資源である点、もう一つは、燃やしても CO_2 の増減に影響しない**カーボンニュートラル**（二酸化炭素の相殺）が成り立つ点である。

バイオマスは備蓄性のあるエネルギーであることが再認識され、北欧などでは、石炭や石油の代替としてボイラーの燃料などに活用されている。「生ごみ」や牛や豚などの「家畜排せつ物」からは、バイオガスを発生させ、燃料として電気や熱に利用でき、バイオマス発電が再生可能エネルギーの一つとして注目されている。

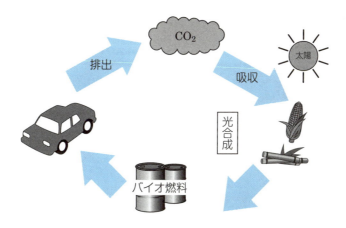

図 4・4　バイオ燃料とカーボンニュートラル

　バイオマスを液体の輸送用のバイオ燃料にして使う方策も注目され、実用化されている（図 4・4）。これには、糖分やでんぷん質の多い植物をアルコール発酵させて得られる**バイオエタノール**と、植物性油脂に簡単な化学処理を施して軽油に似た燃料として得られる**バイオディーゼル**がある。バイオエタノールはアメリカとブラジルで、バイオディーゼルはヨーロッパで生産や使用が進んでいる。バイオ燃料の問題点としては、食料や飼料として役立つものを原料として使う点と、収穫量を増やすために遺伝子組換え作物が増えることで、周辺の食用作物への影響が懸念されている。また、ブラジルではバイオエタノール生産用のサトウキビ畑の拡大、インドネシアではバイオディーゼルの原料用のヤシ畑の拡大などによって森林伐採に拍車がかかっている。

（3）CO_2 の地下・海底への封じ込め（CCS）

　CO_2 の物理化学的特性を温暖化対策技術に利用する試みもある。工場や発電所などから大量に発生する CO_2 を大気放散する前に高純度で回収し、石炭層や油田など、地下 1,000 m 以上の深さの帯水層や水深 1,000～3,000 m 以上の海底に液体で貯留しようとするものである（図 4・5）。この二酸化炭素の回収・貯留システムは、**CCS**（Carbon dioxide Capture and Storage）と呼ばれ、すでにノルウェー

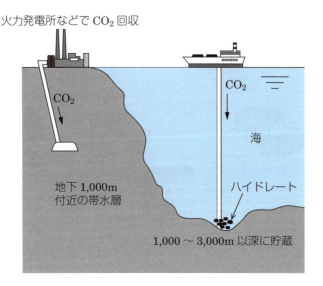

図 4・5　CO_2 の回収・貯留システム（CCS）

では、1996 年から天然ガス中の CO_2 を分離して海底に貯留する CCS プロジェクトが始まった。また、カナダでは 2000 年から地下に、アメリカでは 2013 年から地下に、そのほかブラジルでは 2013 年から海底への CCS が行われている。深海では CO_2 は水と結合してシャーベット状の固形物（ハイドレート）になる。日本では、2016 年 4 月から苫小牧沖で、海底下約 1,000 m の地層へ CO_2 を圧入する実証試験が行われている。

（4）省エネルギー

家庭や企業でできる温暖化対策としては、LED 照明など消費電力の少ない機器の導入、待機電力を減らすことや、エコドライブを心がけることが重要である。また、太陽光発電や太陽熱温水器などの再生可能エネルギーの導入を進める方法も有効である。

イギリスやフランスでは、ネオンサインやエアコン、自動販売機の設置を規制し、省エネルギーを行っている。また、ドイツでは、化学プラントにおいてプラントどうしをきめ細かくパイプラインで結び、ある工場の副産物や廃棄物を別の工

場の原料として利用し、排熱は水蒸気に変えてほかのプラントの熱源や自家発電に使う「省エネ型のものづくり」の試みが行われている。

(5) 新エネルギーの開発

東日本大震災を受け、原子力発電に対する不信感から、再生可能エネルギーへの関心が高まっているが、現状では十分に普及していない。そこで、これらの再生可能エネルギーを普及させるため、2012年から**固定価格買取制度**が導入された。これは、再生可能エネルギーを高めの固定価格で長期間買い取ることを電力会社に義務付ける制度で、買取りの費用は電気使用者が負担する仕組みになっている。対象は、経済産業省の認定を受けた太陽光、風力、地熱、中小規模水力、バイオマス発電であり、企業などには投資にもなるため、とくに太陽光発電システムの設置増につながった。ここでは、現在、普及・開発中のおもな新エネルギーについて述べる。

① 太陽光発電

太陽光エネルギーを、太陽電池を利用して電気に変える方式であり、近年は電池の性能が高まり安価になっているため、メガソーラー（1 MW（メガワット）を超える大規模発電所）も世界中で建設が進んでいる。しかし、最近はヨーロッパだけではなく、中国や台湾などの太陽光発電の導入が著しく、設備容量でみる日本の地位は低下している。一方、海外では、大規模設備が必要であるが夜間も発電できる、太陽熱を利用した「太陽熱発電」も行われている。

② 風力発電

風の力で風車を回し発電する方式で、風力エネルギーの約4割を電気に変えることができる。日本は諸外国に比べて平地が少なく地形も複雑なため、適地が少なく、また景観への影響や騒音などの問題も指摘されている。そこで検討されているのが洋上風力発電であり、ヨーロッパではその有効性が確認され、普及が拡大している。

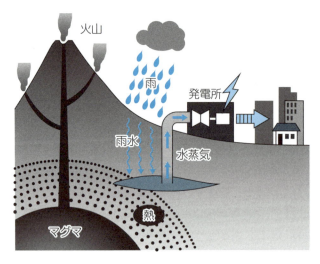

図 4・6　地熱発電の仕組み

③　地熱発電

　火山近くで高温になった地下水の蒸気でタービンを回して発電する方式であり、太陽光や風力と違い天候に左右されない（**図 4・6**）。火山が多い日本の地熱資源量は世界で 3 位の約 2,300 万 kW であるが、現在、国内 17 か所で稼働、発電容量 54 万 kW で国内全体の約 0.2％にすぎない。開発コストが数百億円程度かかり、国立・国定公園内に多くある適地での開発が規制されてきたことなどが原因である。

④　中小規模水力

　中小河川や農業用水路などの水流を活用して行う小規模な水力発電である。個々の発電量は少ないが、大規模なダムによる水力発電施設に比べ、設置が容易である。

⑤　海洋温度差発電

　熱帯地域の海洋の沖合では、高温の表層水と低温の深層水（1,000 m 以下）

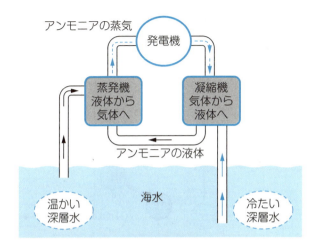

図 4・7　海洋温度差発電の仕組み

の温度差が約20℃あることを利用して発電する方式である。その原理は，図 4・7 のように温かい表層水で沸点の低いアンモニアを蒸気にしてタービンを回して発電を行う。そして，冷たい深層水で蒸気を冷却し，再び液体のアンモニアにする。現在，インド洋上で実証実験が行われている。

⑥　燃料電池

　ガスや石油を触媒で水素に変え，電気化学的に水の電気分解と逆の反応で直接，電力を得る装置であり，最終生成物は水になるクリーンなエネルギー変換技術である（図 4・8）。すでに工場やビル用の大型の装置のほか，家庭向けや燃料電池車の市販も進められている。燃料電池の原料である水素は，現在，ほとんどが分子中に水素原子を含むメタン，プロパン，ガソリン，灯油などの化石燃料を改質（水蒸気による化学的分解）することによって製造されている。そのため，間接的に CO_2 を排出していることになる。化石燃料に依存しない水素の製造法の確立と水素供給のインフラ整備（水素ステーション）が大きな課題である。

4. 低炭素社会の構築

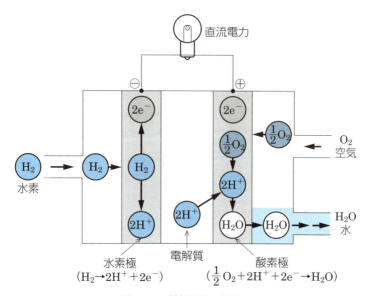

図4・8 燃料電池の仕組み

⑦ コージェネレーションシステム

　ガス、石油などの一つのエネルギー源から電気、熱などの複数のエネルギーを取り出して再利用する仕組みをコージェネレーション（熱電供給）システムという（**図4・9**）。捨てられる排熱によって水を温め、住宅や工場などの地域

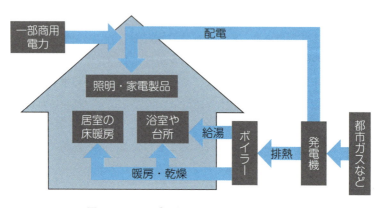

図4・9 コージェネレーションシステムの例

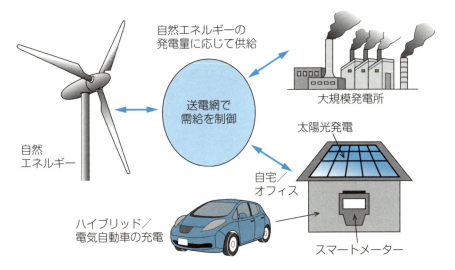

図4・10　スマートグリッドの仕組み

暖房に利用できるため、熱効率が約70％と高く、すでに事業所や家庭用などで実用化されている。

⑧　スマートグリッド

　太陽光や風力などの再生可能エネルギーは、その発電量が天候に左右され不安定であるため、情報技術を用いて、電力送電網インフラの高機能化を図るスマートグリッド（次世代送電網）の実用化が進められている。各家庭には、スマートメーター（次世代型電力計）が設置される（**図4・10**）。

⑨　エネルギーの高度利用

　電気自動車、ハイブリッド自動車、燃料電池自動車、クリーンディーゼル自動車、天然ガス自動車などは、クリーンエネルギー自動車として開発・普及が進められている。また、水や空気などの低温の物体から熱を吸収し高温部へ汲み上げるヒートポンプ（**図4・11**）は、とても熱効率が高く、一般家庭で使われる冷凍冷蔵庫、エアコン、給湯器などで実用化されている。

4. 低炭素社会の構築

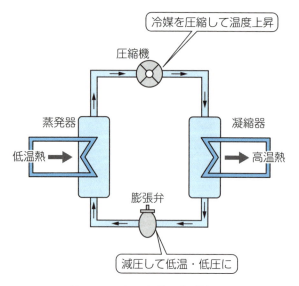

図4・11　ヒートポンプの仕組み

シェールガス革命

　シェールガスは、地下2,000〜3,000 m の頁岩（シェール）という岩盤のすきまにある天然ガスのことで、従来は採掘が困難だったが水圧破砕や水平坑井掘削技術などの進歩によって生産できるようになり、「シェールガス革命」と呼ばれるようになった（**図4・12**）。

　シェールガスの推定可採埋蔵量は、比較的浅い層にある一般的な天然ガスを上回り、天然ガス価格の大幅な低下が期待された。日本では原子力発電事故以降、CO_2 排出量の少ない天然ガスへの依存が高まっているが、シェールガスは当初期待されたほどの生産量が確保できず、アメリカの生産会社が破たんするなど、今後の開発リスクへの懸念が高まっている。さらに、シェールガスの開発には環境への悪影響も懸念されている。水圧破砕に使う水には、地層を溶かしたり井戸内の摩擦を減らす化学物質が使われるため、それによる水の汚染の危惧もある。

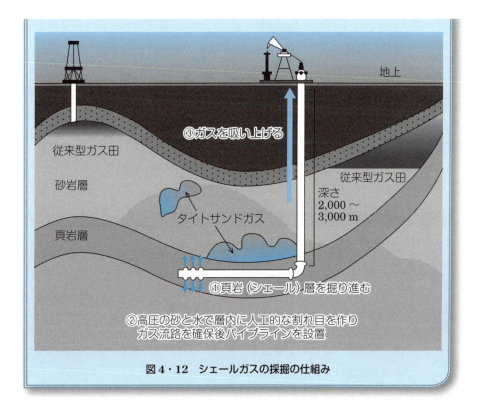

図4・12 シェールガスの採掘の仕組み

ポイント

- 先進国の温室効果ガス排出量について法的拘束力のある排出削減目標を掲げた京都議定書は、2008年から2012年の第一約束期間を終え、2020年までの第二約束期間が始まった。
- 2020年以降の地球温暖化対策の新たな枠組みであるパリ協定では、全ての参加国に対して温室効果ガスの削減目標を自主的に決定し、国内対策の実施を義務付けている。
- 温暖化対策の経済的手法には、京都メカニズムと呼ばれる、共同実施、クリーン開発メカニズム、排出量取引の三つの手法がある。

4. 低炭素社会の構築

- 市場メカニズムを利用する経済的手法の一つに、環境税の一種である炭素税（化石燃料の消費に課税）があり、日本でも2012年から地球温暖化対策税が導入された。
- 温暖化対策には、大きく分けて、悪影響を対処療法的に減少させる適応策と温暖化そのものを減少させる緩和策がある。
- 温暖化対策技術の代表的なものには、森林破壊の停止、大規模な植林、バイオマスの利用、CCS、省エネルギー、新エネルギーの開発などがある。

演習問題

4・1 京都議定書の意義とその問題点をまとめてみよ。

4・2 液体バイオ燃料を用いることの利点と欠点について考えてみよ。

4・3 二酸化炭素の回収・貯留システム（CCS）の問題点について考えてみよ。

4・4 家庭でできる温暖化対策について、まとめてみよ。

4・5 CO_2 を排出せず、有力な温暖化対策の一つとして推進されてきた原子力発電は、福島第一原発の大事故で、そのあり方が問われている。それについて考えてみよ。

4・6 コージェネレーションが実際に行われている地域とその内容を調べてみよ。

4・7 2030年の日本のエネルギーミックス（長期エネルギー需給見通し、2015年7月、経済産業省）をみると、最も多いのが石炭とLNGで、それぞれ約22％、次いで再生可能エネルギーが19〜20％、原子力17〜18％、省エネルギー約17％、石油2％程度である。これについて欧米諸国などと比較して日本の発電電力量構成がどうあるべきか考えてみよ。

5 水と人間活動

「水の惑星」と呼ばれる地球。しかし、人が利用できる水はそのうちのごくわずかである。世界では、その量が偏在し、人口増加や産業の発達による水の需要量も増加しており、現在では多くの人が水不足の状況にある。さらに、河川、海洋、湖沼はさまざまな化学物質によって汚染され、深刻な環境問題を引き起こしている。このような環境における水問題と、水利用のあり方、水質汚染などについては十分な理解が必要である。

5・1 地球上の水

地球上の水量は約 14 億 km^3 であるが、図 5・1 のようにその 97.5% は海水であり、淡水は 2.5% にすぎない。その淡水の約 70% は北極・南極などの氷であり、地下水、河川水、湖沼水として存在するものは全水量の約 0.8% である。地下水もほとんどが土中の水分だったり地下深くにあったりするため、人間が利用しやすい淡水の地表水（河川水や湖沼水）は全体のおよそ 0.01%、約 10 万 km^3 にすぎ

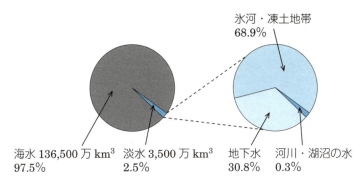

図 5・1 地球上の水の分布量（出典：国連環境計画（UNEP））

5. 水と人間活動

ない。私たちはこのように限られた淡水を水資源として、飲料、工業用水、食料生産などに使っている。

現在、世界の水不足はたいへん深刻である。世界人口約75億人のうち、約21億人がトイレなど基本的な衛生サービスを利用できない。さらに約8.4億人が安全な飲料水サービスを受けられず、川や湖からの水を直接飲んでおり、不衛生な水が原因のマラリアや下痢などで、毎年約50万人が死亡している（ユニセフによる）。

太古から現在まで、地球上では淡水の総量はほぼ一定であり、水は絶えず動いている。自然界における水の循環は、**図5・2**のようになっている。地表の水は、太陽エネルギーを吸収し、蒸発する。天高く上昇した水蒸気はそこで冷やされて雲になる。陸地に移動した雲は、雨や雪となって地上に再び降り注ぎ、河川や湖沼、帯水層に振り分ける循環作用を繰り返している。極地や高山では氷や雪に、そのほかの場所では河川や湖沼、あるいは地下水として、私たちの生活用水、農

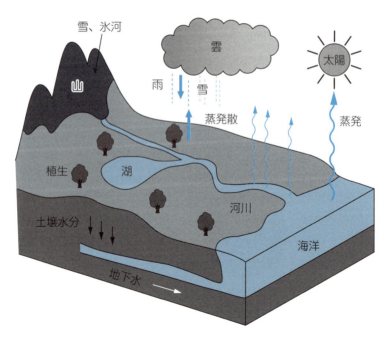

図5・2　地球上の水の動き

業用水、工業用水として使用され、やがて海へ流れていく。

日本は、古代から「瑞穂の国」と呼ばれ、年間降水量は全国平均で 1,757 mm（2014 年：世界平均の約 2 倍）、これに国土面積 37 万 km^2 を掛けた年間の総降水量は、約 6,500 億 t である。このうち 2,300 億 t は蒸発散し、残りの 4,200 億 t が川へ流れる。しかし山が海に近い地形であるため、降った雨はすぐに海に流れ去ってしまい、取水利用されるのは約 19％、およそ 781 億 t にすぎない。降水の一部は河床や水田から地下に染み込み地下水となる。年間約 129 億 t の地下水が利用されており、使用済みの一部は河川へ放出される。この 910 億 t の利用可能な水は、農業で 587 億 t、工業で 150 億 t、残りが生活用水に使われている。日本は狭い国土に人口が集中しているため、国民一人あたりの降水量は世界平均の 1/4 しかなく、水資源はけっして豊かではない。

世界的にみると産業の発展が水需要に大きな影響を与えている。中国、インド、アメリカなどでは、農業による地下水の汲み上げにより、地下水が枯渇するという事態が生じている。例えばアメリカ中西部の穀倉地帯では、畑に多量の地下水を円形にまくセンターピボットという方式で農業の効率化を進めてきたが、それにともなって一部では地下水（オガララ帯水層）の水位が大幅に低下してきている。

一方、中国の黄河では、1972 年ごろから上流で水を使い切り、下流で流れが途絶える"断流"という事態が度々生じ、長江の水を北京や天津などの北部の都市に送る「南水北調」というプロジェクトが進められている。このように、川の水を使いすぎたことによる湖沼の深刻な縮小が、中国、中央アジアやアフリカなどで起きているのである。中央アジアのアラル海では、2014 年には総面積が 1960 年ごろの 10％程度にまで縮小した（第 1 章コラム）。チャド湖では、干ばつに加えて流れ込んでいた川の水が灌漑用に使われ、湖に流れ込む水量が極端に減ったことなどが原因で深刻な湖の縮小が生じ、同様に死海も水位が毎年 1〜1.5 m 程低下している。

近年、水不足が深刻化しているアジア（シンガポール）、中東（サウジアラビア、イスラエル、クウェートなど）、地中海沿岸、アメリカなどでは、海水の淡水化や下水再生の大型施設の建設が増加している。海水の淡水化には、加熱・蒸留により真水を得る方法と、特殊な膜を使って海水から塩分をこし取る方法がある

5. 水と人間活動

が、現在は後者の方法が世界の主流である。人口増加や経済成長で水の需要の拡大とともに、膜技術（逆浸透膜：海水と真水を膜で仕切って海水に圧力をかける

column バーチャルウォーター

　食料自給率が約39%と低い日本は、世界中から膨大な量の食料を輸入している。それらの農産物を国内の灌漑農業で生産したとすると、2005年には年間約800億 m³（琵琶湖の貯水量の約3倍）もの水を世界中から間接的に輸入したことになる。この量は生活、農業、工業用水を合わせた国内年間水使用量に相当する量であり、「バーチャルウォーター（仮想水、間接水）」と呼ばれている。1990年代初頭、ロンドン大学名誉教授のアンソニー・アラン氏が、中東の水資源をめぐる争いに対する問題意識に基づいて提唱した。

　一般的に、日本は水資源の豊富な国というイメージがあるが、日本の食生活は海外の水資源に大きく依存しており、たとえ日本国内で水不足に悩まされることがなくても、国外、とくに農畜産物の輸出国で起きる不足とは大きな関わりをもっていることになる。なお、日本のバーチャルウォーターの輸入先は、1位がアメリカ、2位はオーストラリア、3位がカナダでこの3国が大半を占めている（**図5・3**）。

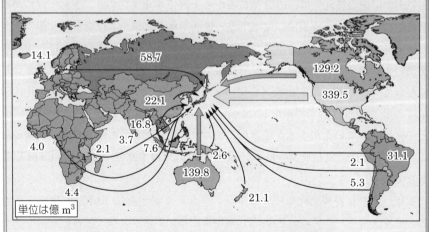

図5・3　日本のバーチャルウォーター輸入量（2005年）
（2005年度の食料需給データからの推計）

と、海水中の水分子だけが真水側にしみ出る「逆浸透」現象を利用）などの進歩により低コストで淡水をつくることが可能になってきたためである。一級河川がなく、慢性的な水不足に悩む福岡市でも2005年6月から造水能力が1日5万m^3（約25万人分）の海水淡水化施設が完成し、運転が行われている。**図5・4**に例を示す。

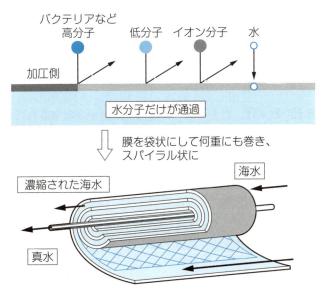

図5・4　逆浸透膜による海水淡水化の例

5・2　生活のなかの水

(1) 上水処理

人間の体の約60％（成人）は水であり、汗やし尿として体外に出ていく水分を補うため、生理的に必要な水の量は1日約2.5〜3Lである。これに洗面、歯磨き、うがい、トイレ、手洗い、洗濯、掃除、料理、入浴などで必要な水のほか、オフィス、ホテル、飲食店などで使用される水を加えると、現在、日本人一人が1日に使う水の量は、約300Lといわれている。水の消費量は**表5・1**のように、国によってかなり違いがみられる。

5. 水と人間活動

表5・1 一人が1tの水で生活できる日数

ガンビア／ハイチ	365日
中国	12
イギリス／フィリピン	6
ドイツ／ブラジル	5
日本	3
アメリカ／オーストラリア	2
世界平均	5.7

（国連開発計画（UNDP）のデータより）

　現在、水道水の原水は、おもにダム、河川や湖沼から取水されたものであり、これを処理して飲用水としている。清浄な湧き水や地下水を確保できる地域では、浄水場で塩素による消毒のみ、あるいは砂ろ過と消毒の組合せで飲み水として利用されている。しかし、都市部を流れる河川の下流の水を取水する場合、いろいろなごみや木の枝や葉、汚染物質が流入しているため、硫酸アルミニウム（$Al_2(SO_4)_3$）やポリ塩化アルミニウム（PAC）のような**凝集剤**を投入して、水中の汚れを凝集・沈でんさせた後、高速で砂ろ過して最後に消毒させる方法が主流である（**図5・5**）。

　さらに、原水の汚れが深刻な東京や、琵琶湖で発生しているラン藻類（シアノ

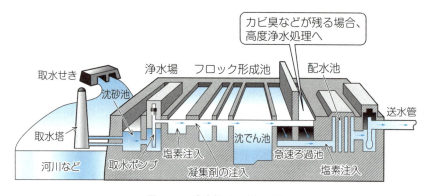

図5・5　浄水場での水処理例

バクテリア）が問題となっている滋賀県などのように、この処理に加えてオゾンと活性炭を用いた**高度浄水処理**が必要なところも増えている。

都市部にある河川の多くは、中・下流部に位置するため、水道原水には藻類が産生した有機物質のほか、流域の農用地で使用された肥料や農薬、工場排水や下水処理水のなかに残存する各種有機物質など多種多様の化学物質も含まれている。日本の水道水は、今のところ安全であるが、安全を脅かす次のような要因がある。

① トリハロメタン

水道水には殺菌のために塩素が添加される。この塩素と水中のある種の有機物（ごみや植物の腐敗したフミン質、下水処理場からの親水性酸など）が反応して、発がん性のトリハロメタン（メタン CH_4 の三つの水素原子をハロゲン原子の F, Cl, Br などで置き換えたもの、代表的なものがクロロホルム $CHCl_3$）という物質が生成されることが知られている。現在、浄水場ではにごりを沈めてから塩素処理したり、塩素の使用量を減らすために高度浄水処理を行うなどの対策がとられている。

② 鉛製給水管（鉛管）

給水管に使われてきた鉛管は、鉛が溶け出し、胃腸障害や不眠、乳児の知能障害などの健康被害を引き起こす危険性があり、1989 年に使用が規制された。しかし、2014 年 3 月末時点で、20 府県で鉛管使用世帯が 10％を超えており、撤去が進んでいない状況にある（日本水道協会の統計による）。

③ 農薬

全国の水道事業体の多くで、わずかな量のある種の農薬が水道水のなかに入っていることがわかっている。そのメカニズムは田畑にまかれた農薬が雨とともに農業排水路に流れ出て、川に流れ、下流の浄水場に取り入れられるものである。浄水場の浄水操作の段階で大部分の農薬は取り除かれるが、一部はそのまま水道水中に混入して給水されることがある。対策としては、おもな農薬

120 種類を水質管理設定項目に指定し、一つひとつ検出された農薬の濃度の総和を検出するという対処方法で、複合的リスクに対応する**総農薬方式**と呼ばれる方法もある。

④　病原性微生物

　動物の糞などからクリプトスポリジウムという寄生虫が水道水に混じり、大規模な集団下痢を引き起こすことがある。1996 年 6 月に埼玉県越生町で水道水を介して約 8,800 人が集団下痢を起こした。クリプトスポリジウムは塩素消毒では死滅せず、煮沸処理などの対策が必要となる。

　そのほか、自然界の土壌や淡水中に広く生息して、土ぼこりや水滴の飛散などを介して、人間の生活のなかへ侵入してくるレジオネラ菌による汚染は、とくに水道のホースのなかなどに繁殖しやすいため、注意が必要である。

⑤　その他

　集合住宅やビルの受水槽の汚濁の問題、ヒ素やトリクロロエチレンやテトラクロロエチレンなどの有機塩素系溶剤による地下水汚染などの問題がある。1989 年の水質汚濁防止法の改正によって、地下水の常時監視などが措置されたが、地下水汚染は進行している。

(2) 下水処理

　家庭や工場などから排出される汚水は、下水道で浄化され、環境中に戻される。2018 年 3 月末時点における全国の下水道普及率は 79.3％である。人口 100 万人以上の都市では約 99％と高いが、人口 5 万人未満では約 50％と低くなっている。人家がまばらな地区では、下水道の布設が難しいため、各戸単位で、し尿のほか、台所や風呂の排水をまとめて処理する**合併浄化槽**が有効であるが、未だに人口の 1 割は未処理である。

　下水道には、下水を下水処理場に運ぶ方式によって、家庭排水と雨水を同じ管で流す**合流式**（東京や大阪などの大都市部に多い）と、別々の管で流す**分流式**（1970 年代以降に主流）がある。また、それぞれの市町村が下水を処理して川や

海に流す「公共下水道」と、いくつかの市町村の下水を集め、効果的に処理する「流域下水道」とに分けられる。

下水処理場では、通常、微生物の働きを利用して下水を処理（生物処理）し、きれいな水によみがえらせている。標準的な好気性微生物を水中に浮遊させた状態で用いて処理する**活性汚泥法**による下水処理の工程を**図5・6**に示す。

まず、下水処理場に到着した下水は、最初沈でん槽に導かれ、この槽の中をゆっくりと静かに流れ、その間に、沈でんしやすい汚い物質を除く。ここで沈んだ汚泥を汚泥かき寄せ機などで静かに集め、汚泥処理施設に送る。この段階が1次処理といわれる。最初沈でん槽に導く前に、大きな固形物や油分をスクリーン（金属製網）で除去する場合も多い。

一方、汚泥を取り除いた下水は、活性汚泥槽に送られる。この槽では、最初沈でん槽から流れてきた下水に、空気を送り込み、ばっ気＊により好気性微生物を繁殖させる。繁殖した微生物は、下水中の有機物を利用して増殖し、互いに凝集して粗大粒子（フロック）となり沈降する。これが**活性汚泥**と呼ばれるものである。この槽を6〜8時間程度かけて処理した下水は、最終沈でん槽に送られる。

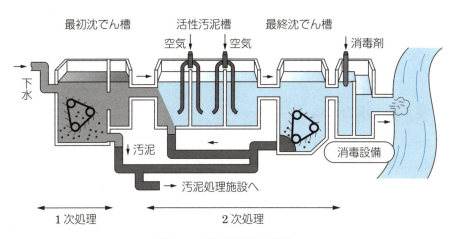

図5・6　下水処理場の仕組み
((公社)日本下水道協会のホームページ（2006）より作成)

＊　水槽にエアストーンを入れ、空気をブクブク泡立たせたような状態。

最終沈でん槽では、活性汚泥槽で大きなフロックとなった活性汚泥を沈でんさせる。この活性汚泥を取り除き、汚れを90％以上なくした、きれいな水（上澄水）を消毒設備に送る。また、沈でんさせた活性汚泥は、汚泥かき寄せ機などで静かに集め、その一部は、再び活性汚泥槽で用いるため、活性汚泥槽に返送汚泥として戻される。残りの活性汚泥は、余剰汚泥として汚泥処理施設に送る。余剰汚泥の処分方法としてはコンポスト（堆肥）、焼却、メタン発酵などが行われている。

　最終沈でん槽から出た上澄水は、消毒剤（次亜塩素酸ナトリウム溶液、液化塩素など）を接触させて消毒される。この消毒した水が2次処理水になり、河川、湖沼、海洋などの公共用水域に放流して自然に戻すが、工業用水や電車の洗浄水などとしても再利用されている。なお、最近、人口の少ない市町村などの小さな下水処理場では、経費がかからず、運転管理が容易なオキシデーションディッチ法といわれる処理法が多く採用されている。この方法は最初沈でん槽がなく、また、活性汚泥槽の代わりにオキシデーションディッチと呼ばれる長円形の細長い溝があり、最終沈でん槽と消毒設備が一緒になっているものである。

　近年、活性汚泥法では窒素とリンを除去することが難しく、処理水が放流された水域では、このような栄養塩類による**富栄養化**の問題が起こっている。そのため、3次処理（高度処理）も試みられているが、消石灰（$Ca(OH)_2$）を多量に使うため、高コストで実施しているところはわずかである。

5・3　水の汚染

　水の汚れの原因のおもなものには、生活排水、産業排水、農業排水、家畜排水、事故による汚濁物質の流出、大気降下物などがある。かつては、水質汚染の原因は産業排水が主と考えられてきた時代もあったが、水質汚濁防止法などによる規制の強化や排水処理技術の発達によって、現在では有機汚濁の原因の70％が一般家庭からの生活排水とされている。

　そこで、現在、未だ問題が多いと考えられる生活排水と農業排水についてとりあげる。なお、家畜排水も都市近郊で家畜が飼育されるようになり、高濃度のし尿が都市の水域に排出される可能性が高い。しかも、事業者が中小の零細企業で

ある場合が多く、排水処理施設の維持管理が十分でないため、その排水による水質汚濁が問題となっている地域もある。

(1) 生活排水

環境省によると、生活で使われる水の量では洗濯などが多く約35％、トイレ25％、台所とお風呂が各20％程度となっている。しかし、排水に含まれる汚染物質の量でみると、最も多いのは、台所からの食べ物や油を含んだ排水で約40％、次いでトイレ30％、お風呂が20％で、洗濯などは10％程度とされている。

自然は**自浄作用**をもっており、河川や湖沼中では**図5・7**のように汚染物質が排出されたとしても、物理的・化学的作用や微生物（細菌類、藻類、原生動物など）によって有機物を分解し無機物に変える「生分解」という作用が働く。しかし、人口増加や産業集中などにより、リン・窒素・炭素などの栄養分を過剰に含んだ汚水が、湖沼や湾などの閉鎖水域に流入すると、水環境のバランスが崩れて自浄作用は機能しなくなる。これが富栄養化で、水生生物への影響や赤潮・青潮の発生を引き起こし、生態系に大きな影響を与える。下水道を完備している都市圏では、下水処理場で微生物により処理され、川へ放流される。しかし、台所からの排水に多く含まれるタンパク質中の窒素やリンは、現在の下水処理場ではあまり除去されないため、富栄養化の原因になっている。一方、下水施設がない地域の生活排水は、そのまま河川や湖沼に放流されている。

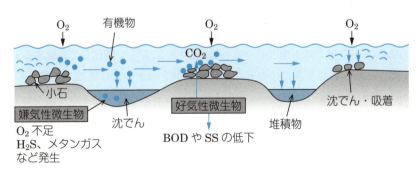

図5・7 河川における自浄作用

（2）農業排水

農作物の収量を上げるために用いられる大量の化学肥料から、過剰な窒素分やリンなどが雨水とともに流出し、水域の富栄養化の原因となっている。さらに、害虫や雑草の除去のため種々の農薬が散布されているが、これも散布された農薬の大部分が、雨水とともに排出されている。現在、農薬には残留性や毒性の小さいものが開発され使用されてきているが、水生生物などに悪影響を及ぼすものが多いと推定されている。

（3）水質汚染の判定

水の汚れを定量的に評価する指標には、水温、塩分、透明度、濁度、色度、水素イオン濃度（pH）、浮遊物質（SS）、溶存酸素（DO）、**BOD**（Biochemical Oxygen Demand、**生物化学的酸素要求量**）、**COD**（Chemical Oxygen Demand、**化学的酸素要求量**）などがある。

このうち、BODとその代替の指標CODは、水中の有機物量の指標である。水中に有機物が存在すると、これを栄養源として微生物が増殖し、同時に溶存酸素を消費する。BODは、生物化学的に分解されやすい有機物量を示し、測定は試料の水を測定用のビンに入れて密封し、20℃で暗所に5日間保持したときに消費された酸素量をBOD_5として表示する。単位としてはppmで表した酸素濃度が用いられ、この値が大きいほど、溶解している有機物の量が多いことを示し、河川の環境基準に用いられている。

一方、有機物のなかには石油のように微生物が消費できないか、消費してもその速度が遅いものがある。CODは、化学薬品の酸化剤である過マンガン酸カリウム（$KMnO_4$）や重クロム酸カリウム（$K_2Cr_2O_7$）によって酸化して分解する。この有機物を酸化するときに使われた酸化剤の量を酸素の量に換算した値をCODといい、単位はBODと同じppmである。湖沼と海域の有機物量の指標として用いられる。わが国では$KMnO_4$を使うのが一般的であるが、ドイツやアメリカでは酸化力のより強い$K_2Cr_2O_7$が使われている。CODはBODよりも短時間に測定できる長所があるが、有機物によっては酸化が十分行われない場合もある。

5・4 湿原・干潟の保全

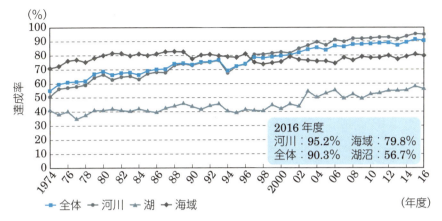

図 5・8 公共用水域の環境基準達成率（BOD または COD）の経年変化
（出典：平成 28 年度公共用水域水質測定結果）

(4) 公共用水域の環境基準達成状況

環境基本法の規定に基づき、人の健康を保護し、生活環境を保全するうえで大気、水、土壌、騒音などをどの程度に保つことが望ましいか、その目標を定めたものとして**環境基準**がある。水質については、「人の健康の保護に関する環境基準」と「生活環境の保全に関する環境基準」が定められている。後者については、pH、BOD（河川）、COD（湖沼と海域）、SS、DO、大腸菌群数などについて、利用目的や現状の水質状況を勘案して基準が定められている。

公共用水域の生活環境の保全に関する環境基準（BOD または COD）の達成状況の経年変化を**図 5・8** に示す。2018 年度の環境基準の達成率は、河川 94.6％、海域 79.2％であるが、湖沼は 54.3％と低い達成率になっている。

5・4　湿原・干潟の保全

湿原や干潟は、水質浄化、水の供給、生物多様性の維持などの観点から自然保護のうえできわめて重要な場である。湿地や干潟の保護については、1971 年に締結されたラムサール条約があり、この条約に登録されると，その保護が義務付けられる。わが国では釧路湿原、谷津干潟（千葉県）、三方五湖（福井県）など 52

5. 水と人間活動

図5・9　日本のラムサール条約登録湿地（2018年10月時点）

か所（2018年）、総面積ではおよそ 1,547 km² がこの条約に登録されている（**図 5・9**）。名古屋市の藤前干潟は、一時ゴミの埋立処分場にされかけていたが、市民の反対により守られ、2002年、ラムサール条約に登録された。最近では、干潟や湿地の重要性が認識され、人工干潟、人工湿地、人工浅場の造成が各地で試みられるようになってきている（**図5・10**）。

　湿地や干潟は自然環境の豊かな場所であるが、水深が浅く埋め立てやすいこともあって、戦後の工業化のなかで埋め立てられ利用されてきた。日本最大の湿原である釧路湿原では、戦後から2000年にかけて農耕地の開発などで乾燥化が進み、湿原が約3割減少した。このように湿原の乾燥化が進むと、湿地の泥炭が分解してメタンの発生が増加する。メタンは CO_2 よりも温室効果が大きく、地球温暖化にも影響するおそれがある。

　1978年から1990年に消滅した干潟は、20都道府県から報告され、その総面積

5・4 湿原・干潟の保全

図 5・10 干潟や湿原のおもなタイプ

は 38.57 km^2 であった。海域別では、有明海、別府湾、東京湾、伊勢湾、沖縄島、八代海で大規模な干潟の消滅がみられた。有明海の 13.57 km^2 の消滅面積が最大で、総消滅面積の約 35% を占めた。1997 年の環境庁（当時）の調査によると、全国の干潟面積は 493.8 km^2 と、かつて約 800 km^2 あった日本の干潟の約 3 割が減少した。

干潟やその周辺の浅い海は、日光、栄養分、酸素が豊富にあるため、種々の生物（藻類、ゴカイ類、カニ類、貝類など）が生息している。東京湾や伊勢湾などの閉鎖的な内湾（潮の干満や潮流が穏やかで海水が停滞しやすく、表層と深層の海水があまり混じらず、深層では酸素が欠乏しやすい）では、陸上からの栄養分（有機物や窒素、リンなど）がたまり、富栄養化の状態となって、しばしば**赤潮**と呼ばれる植物プランクトンが異常増殖し、海が赤色や褐色に染まる現象が生じて

5. 水と人間活動

いる。その結果、溶存酸素が欠乏し、魚介類が死滅することがある。このような現象に対し、干潟は、富栄養化を抑制する働きがある。すなわち、多くの生物が栄養分を吸収し、次にそれらの生物がほかの生物に捕食される食物連鎖によって、栄養分は次々に消費され、豊かな生態系が形成されている。最終的には鳥や魚の捕食や私たちの漁業によって、栄養分は干潟の外部に運ばれる。このようなサイクルによって、干潟には豊かな自然と生態系が形成されているとともに、水質の浄化機能をもっているので、海域環境保全の観点からきわめて重要な場所である。また、湿地も干潟と同様の機能をもっている。

長崎県諫早湾の奥に位置する諫早干潟は、ムツゴロウをはじめ多様な生物で知られていたが、農地造成や高潮・洪水対策を目的とした農水省の干拓事業に基づいて、干潟と海を遮断する潮受け堤防が作られ、1997年4月に閉め切られた。以後20年あまり経過して、プランクトンの異常発生で生じる赤潮が頻発するなど海洋汚染は深刻になってきている（図5・11）。特産のノリの養殖に被害が出ているばかりでなく、アサリやタイラギといった二枚貝などの魚介類が急減してきている。有明海全体では、そのほかに潮の干満の差が減少したり、海の透明度の低下、水温の上昇などの環境の変化が観測されている。日本の干潟の総面積の4割にあたる広大な干潟が、有明海の水質を浄化してきたが、干拓事業によって干潟が減少し、浄化能力が徐々に失われてきている。

一方、千葉県市川市と船橋市にまたがる三番瀬は東京湾奥部に残された最大級の干潟で、シギ、チドリ類をはじめ多くの渡り鳥の中継地点になっている。千葉県は三番瀬の $12\,km^2$ のうち、約3分の2を埋め立て、道路・港湾施設などを建設する計画を立てていたが、自然保護団体の反対運動などで1999年10月に、埋め立て面積の縮小をはかった。さらに2001年には環境大臣が埋め立て計画の全面的見直しを県に迫った。現在、干潟の埋め立て工事は中断されているが、昭和40年代の三番瀬干潟に流れていた時計回りの海流は、まわりの干潟が埋め立てられたことにより、流れがほとんどなくなり、そのため、干潟から水を浄化する貝類などの生物が減少している。さらに、川から流れ込んだ泥が干潟にたまりやすくなり、悪臭を放つなどの問題が生じている。このような泥の堆積により海中の酸素が少なくなり、生物が減少するなど生態系に対する影響が出ている。

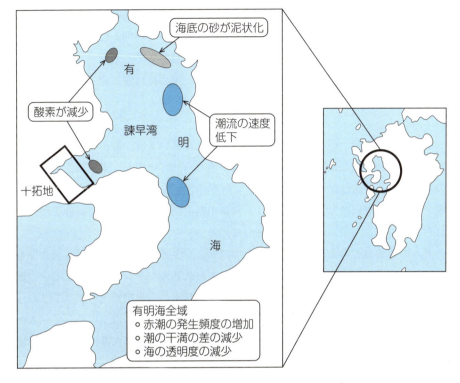

図 5・11　諫早湾周辺の干拓による環境の変化

5・5　自然と共存する河川の治水対策

　これまでの日本の河川の治水対策は、水害防止のためのダム建設や堤防強化に重点がおかれ、下流域の都市開発は大きく進展した。しかし、コンクリートの三面張りに代表されるような、河川をまっすぐにし、できるだけ早く海へ流すという考え方による人工化は、生態系を壊し、景観を損ねる結果となった。

　一方、国土交通省の調査では、1978 年から 1992 年の 15 年間で 2,395 km^2 の砂浜が消失した（東京都の新島の面積に相当）。おもな原因は、以下の二つである。

①高度成長期にダムが相次いで建設され、建設用に河川での砂利採取が続いた

5．水と人間活動

ため、河川から海に流れ込む土砂が減少したこと。砂利の採取は禁止されても、護岸工事の影響もあり、上流から流れ込む土砂は増えない。
② 津波や高潮対策で築いた防波堤などが海から移動してくる砂をせき止めたこと。本来流れてくるはずの砂が来なくなり、浜の砂は波に流し去られる一方になった。

砂浜の浸食が激しい場所に、波消しブロックを置いて波が砂浜を削らないようにしたり、砂を足したりするなどの対策が講じられているが、効果は限られ、別の場所で浸食が進むなどの問題が起きている。千葉県九十九里浜、「羽衣の松」伝説で知られる静岡県三保の松原海岸、神奈川県湘南海岸などの美しい砂浜が、これらの要因により消滅の危機に直面している。

ダムの問題はこのような砂浜の浸食のほかにもさまざまあるが、最も大きなものは、ダムがつくられると、上流から土砂が流れ込んでダム内に堆積していくという点である。**表5・2** のように2002年時点、日本の中規模以上のダム782のうち、土砂が計画堆砂容量（100年間にたまる土砂量）の20％以上堆積しているダムが124か所もある。このなかには、木曽川、天竜川および大井川など、中部地方の川の流域に土砂の堆積が目立つものが多い。

表5・2　日本の中規模以上782ダムの土砂堆積量

		20％以上堆積の124ダム	
50％以上堆積	44	木曽川	13
90％以上堆積	3	天竜川	9
最高堆積量　97.7％		大井川	9
		利根川	7
		庄川	7

（2002年国土交通省調べ）

土砂の堆積は、2014年度末時点において、さらに深刻になり、全国959基のダムのうち、すでに計画堆砂容量を超えているものが167基ある。天竜川の巨大ダムである佐久間ダムは1956年竣工、約60年前に完成したダムであるが、堆砂量

図5・12 霞堤とダムに代わる河川の治水対策の例

は100年でたまるはずの堆砂容量の倍近くになってしまっている。このようにダムでせき止められた湖が浅くなり、ダムがほとんど機能しなくなってしまうケースが増えており、ダムに代わる洪水対策として、400年以上前の伝統的工法である霞堤が見直されている。これは、堤防の一部に、流路方向と逆向きの出口をあらかじめつくっておき、洪水時には洪水流の一部をここから逃がし、洪水の勢いを弱め、下流側で再び流路に取り込むといった治水技術である（**図5・12**）。現在、霞堤は石川県・手取川、愛知県・豊川など全国60以上の河川にある。外国でも川は氾濫するものであると認識し、ドナウ川上流に氾濫原を回復させたり、ドナウ川の一部に世界最初の氾濫原国立公園が造園されたりしている。

　近年、国土交通省の河川対策は、人工的なものから自然を生かす方向に転換し、護岸に伝統的工法を活用したり、コンクリートの代わりに、鋼鉄の枠のなかに自然石をつめたり、ポーラスコンクリート（砂利だけをセメントで接着したもの）を堤防建設に使うなど、河川と岸に生態系を取り戻すよう留意してきている。欧米では、近年の傾向として堰を開いたり、古くなったダムを取り壊して生態系を回復させる事例が増えている。日本では国内初のダム撤去工事が、2012年9月より荒瀬ダム（熊本県八代市）で始まった。

ポイント

「水の惑星」と呼ばれる地球であるが、人が利用しやすい水はそのうちのごく

5. 水と人間活動

わずかである。世界ではその量が偏在しているが、人口増加や産業発達によって、水の需要は増える一方である。
- 日本の水道水は、今のところ安全であるが、安全を脅かすトリハロメタンや農薬の混入などの危惧がある。
- 現在の下水道では、窒素とリンを十分に除くことが難しく、下水処理水が放流される水域の富栄養化が問題となっている。
- 水の汚染の代表的指標に、有機物量を評価するBOD（生物化学的酸素要求量）とCOD（化学的酸素要求量）がある。
- 湿原や干潟は、自然が豊かな場であり、水質浄化、水の供給、生物多様性などの観点からその保護がきわめて重要である。
- 日本の海岸で砂浜が消え、海岸線が後退しているが、上流部にダムができ、下流へ運ばれて海岸を養う砂の供給量が減った影響が大きい。

演習問題

5・1 水の汚れを調べると、一般にCOD＞BODとなることが多いが、その理由を考えてみよ。

5・2 浄水場でのトリハロメタンの生成は、アンモニア性窒素の量が増えると増大する。その理由を考えてみよ。

5・3 活性汚泥法で窒素とリンを十分除去できない理由を考えてみよ。

5・4 下水処理場に流入する窒素とリンは、それぞれどのような排水に多く含まれるか調べてみよ。

5・5 諫早干潟および三番瀬干潟の現状を調べてみよ。

5・6 2001年2月、当時の田中康夫長野県知事の「脱ダム宣言」は、全国でダムをめぐる種々の議論を巻き起こした。どのような議論があったか、調べてみよ。

5・7 東京湾、三河湾、大阪湾などでは近年、「青潮」が発生して問題となっている。「赤潮」との違いを調べてみよ。

6 生物多様性の保全

　世界の森林は減少を続けており、2000年から2010年の間に、毎年平均で5.20万 km²（四国の面積の3倍に相当）もの森林がこの地球上から失われている。とくに、アフリカや中南米、東南アジアでの熱帯林の減少が著しい。森林は温室効果ガスの増加を防ぐ重要な機能をもち、また、水分蒸発量の調整源として、多くの野生生物種の生活の場であり、生物種の多様性を維持するという大切な役割も果たしている。

6・1　世界の森林減少

　世界の森林面積は、2015年時点で約3,999万 km²で、陸地面積（南極大陸を除く）の約31％を占めている。8千年前には6,200万 km²（全陸地の半分）を占めていたと推定され、砂漠が広がる中東もかつては深い森林に覆われていた。環境考古学の研究によると、紀元前5千年前にはレバノン杉の森林が、現在のイスラエルからシリア、さらにトルコに至る広大な地域に及んでいた。しかし、現在、古くからのレバノン杉はレバノン山脈の北部、カディーシャ渓谷にわずか1,200本余りまとまって残っているにすぎない。

　世界の森林面積は、1990年から2015年までに3.1％減少した。森林の減少速度は、年々、次第に低下しているが、まだ減少には歯止めはかかっていない。世界の2015年における森林率（陸地面積に占める森林面積の割合）を**図6・1**に示す。世界の森林面積の上位5か国（ロシア、ブラジル、カナダ、アメリカ、中国）が全体の54％を占めている。

　近年は、植林によってヨーロッパやアジア（ほとんど中国）などで森林が増加しているが、南米やアフリカ、東南アジアなどの熱帯林の減少が著しい。熱帯林はかつて全陸地の16％を覆っていたとされるが、現在は7％まで減り、このペー

6. 生物多様性の保全

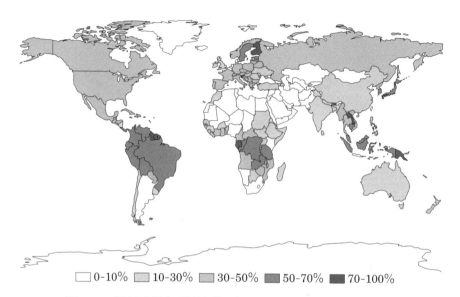

□ 0-10%　□ 10-30%　□ 30-50%　□ 50-70%　■ 70-100%

図6・1　各国の森林率（陸地面積に占める森林面積の割合）（2015年）
（出典：Global Forest Resource Assessment 2015）

スで減少が続くと40年で地球上から消滅するものと予想されている。それにともなって絶滅する生物種の数は、年間5万種にも上るとみられている。

熱帯林の破壊が急速に進行しているおもな原因は、

・焼畑
・輸出用木材の商業伐採
・地元住民の燃料とするための薪の採取など

である。

第一の理由である焼畑は、熱帯林を多く保有する地域は貧しい国が多く、また人口が爆発的に増加を続けているため、農地や放牧地の拡大の必要にせまられ、現在でも世界では数億人が焼き畑農業で生計を立てている。

第二の商業伐採では、日本は建築材や紙・パルプの原料として東南アジアなどから多くの木材を輸入している。そのほか、鉱石の採掘や水力ダムの開発などがある。地域により森林破壊の原因の違いがみられ、ラテンアメリカでは、焼畑と放牧地への転換、アフリカでは薪の採取、東南アジアでは、焼畑と農地転換がお

もな原因である。またブラジルやインドネシアでは、大規模な森林火災でも、森林が大幅に失われている。これらの背景には、途上国の人口爆発と貧困、貿易の増加、対外債務などの社会経済的な問題があり、この50年間で熱帯林は半分以下に減少している。熱帯林の減少を防ぐため、国際熱帯木材機関（ITTO）や国連環境開発会議（UNCED）などが、生態系の維持や森林の管理・保全を目的としたプロジェクトや声明を発表している。また、世界各国の企業やNGO、市民団体などが植林活動を行っている。

一方、シベリア針葉樹林（タイガと呼ばれる）での消失は、この40年間で全世界の森林消失のおよそ半分にも達している。この地域では、資源開発のため、人々が森林地帯に進出し、その活動の過程で森林火災が多発している。この森林火災の80％は人為によるものとされている。

なお、日本の森林面積は国土の約67％の約25万km^{2}で、過去50年間、ほぼ増減がない横ばい状態にある。そのうち約40％が人工林の面積であるが、森林資源の利用率がきわめて低いため、森林の蓄積は増加している。

6・2 森林破壊の影響

森林のおもな働きには、次のようなものがある。
- 水を貯え、浄化し、水源を保全すること。
- 雨による土砂の流出を防ぎ、山崩れや崖崩れを防止する。
- 光合成によってCO_2を吸収し、O_2を放出する。
- 気温の調整に役立つ。夏は涼しく、冬は温かく保つ。
- 野生動植物の生活の場であり、生物の多様性を育む。
- 人間にとっては燃料や木材として利用できる。きのこ、ゴムや漆、薬用植物の供給源として経済的な価値がある。
- 森林公園やキャンプ場、登山、トレッキングなど人間の憩いの場になる。

森林破壊によるおもな影響として、次のようなものがあげられる。

6. 生物多様性の保全

① 野生生物種の減少

現在、地球上には少なくとも150万種もの生物が知られ、熱帯林などには未知の生物がその何倍も生息しているといわれる。しかし、急激な森林破壊によって、毎年数千種類もの生物が絶滅していると推定されている。人間にとっても燃料や木材として利用できるほか、きのこ、ゴムや漆、薬用植物の供給源として経済的な価値がある。

そのなかには将来、食料や医薬品として利用できる**生物資源**（遺伝資源）として有用なものが含まれており、その消滅による損失の大きさは計り知れない。とくに熱帯林の伐採が続くインドネシアとブラジルでは、多数の生物が絶滅の危機に瀕している。

② CO_2 の吸収量の減少と山焼きや焼畑農業による CO_2 放出

農地などに転用するため、森林を焼き払うと、多量の CO_2 を大気中に放出することになる。さらに、森林が減少すると植物の光合成による CO_2 の吸収量が減少する。

③ 食料、燃料の減少

とくに熱帯地方の森林は、人々の大切な食料・燃料の供給源であるが、その直接的利用ができなくなるということは、それに依存した住民の生活が成り立たなくなることになる。

④ 水源の涵養機能の消失と気候への影響

水源涵養とは、河川の流量を調節して渇水しないようにすることであり、一種のダムの機能を果たしているということである。この機能がなくなると、土壌の保水力が低下したり、土壌の流出が進むことになる。森林伐採が進むと蒸発散する水分量が減り、雲が少なくなることで降雨が減少する。その一帯は乾燥化が進み、最終的には砂漠化が進行することになる。

6・3 森林の保全

(1) アマゾン

　全世界の熱帯林の約30％を占めるアマゾンは、CO_2 を取り込み O_2 を作り出す「地球の肺」といわれ、地球環境保全上きわめて重要な役割を果たしてきた。1960年代にブラジルでは、農民のアマゾンへの入植を積極的に勧め、原生林を伐採して全長5,500 kmに及ぶ開発用のアマゾンハイウェーを建設してきた。入植者は、農地を開くために伐採を繰り返し、地味がなくなった土地は野焼きされ牧場として開発された。このようにして、熱帯林は道路沿いから次第に消失していった。

　1992年、リオ・デ・ジャネイロで開催された**国連環境開発会議**（UNCED、地球サミット）では、**森林原則声明**が採択され、温暖化抑制と種の多様性保存の二つの側面から、積極的な森林保全の重要性が指摘された。現在、政府による森林保全監視活動が行われているが、依然として石油採掘や鉱山開発などによる伐採，不法な焼畑が続けられ、大規模な山火事も頻発している。熱帯林の育っている表土は厚さがわずか数 cm、その下はラテライトと呼ばれる赤い土壌で植物は育ちにくい。放置された跡地に雨が降り注ぐと、短期間のうちに表土が流れ出してしまう。

　1990年代後半に一時落ち着いていたアマゾンの森林破壊は、最近では、年間2〜2.5万 km^2 の高水準で進んでいる。これは、輸出やバイオディーゼル燃料向けの大豆栽培など新規の経済開発が森林破壊を加速しているためである。また、バイオエタノール生産用のサトウキビを栽培するための森林の伐採も進んでいる。

　アマゾンの熱帯林には、約8万種の植物と約3,000万種の動物が生息していると推定されている。しかし、大規模な森林の破壊によって、種の多様性が失われてきており、CO_2 吸収機能の維持・保全のためにも、総合的な森林保全策が必要である。

(2) シベリア針葉樹林（タイガ）

　シベリア針葉樹林（タイガ）は、地球の全森林面積の約14％を占めている。この地域の年間降水量は200〜300 mmときわめて少なく、また平均気温が−10℃

と寒冷であるため、本来、豊かな森林は成立せず、砂漠に近い環境である。

しかし、植生のすぐ下に**永久凍土**があり、その凍土層の上部では、夏に1mほど凍土が溶ける。その下方には水を通さない凍土層が存在するため、わずかな降水は保持されることになり、これを樹木が吸収して森林が成立していると考えられている。すなわち、タイガと永久凍土は互いに共生の関係にあるが、森林火災や伐採によってタイガが消失すると、永久凍土の融解が起こる。融解した後は、陥没して水がたまり湖沼となる。やがて、水が干上がった跡（アラス）は、表面に塩類が集積し、植生が復活することはなくなる。さらに、永久凍土が溶けるとそこに封じ込められていたメタンガス（CO_2 の25倍の温室効果）が発生することになる。

以上のように、タイガはきわめて特殊な森林であるが、森林火災や商業伐採が原因で、現在、森林から草原への変化が急速に進行している。とくに、温暖化の影響による降水量の減少などで、森林地帯の乾燥化が進み、たき火の不始末や落雷を原因とする火災が頻発している。膨大な面積の森林だと火災を早期に発見することが難しく、最近ではシベリア上空を飛ぶ旅客機に協力を求め、衛星画像とともに森林火災の監視体制を強化している。

さらに、この地域には絶滅の恐れのあるアムールトラをはじめとして、多くの野生生物が生息している。今後、生態系保全のため、長期的な影響も考慮してタイガを保全する対策を立てることが必要になっている。

(3) インドネシアの熱帯林

インドネシアの赤道直下に位置するスマトラ島とボルネオ島（インドネシア名：カリマンタン島）には、かつて広大な熱帯林が広がっていた。しかし、1970年以降、輸出用木材のための伐採などによって、インドネシアの未開拓林（原生林）の70％がすでに失われた。とくに森林の減少面積は、1998年のスハルト政権崩壊以降に拡大した。おもな要因は、政治的な混乱によって、政府が認可していない違法伐採が急増したことである。その背景には、認可された木材がほとんど輸出にまわされ、国内需要分を違法伐採で賄っているという事情がある。ここでは、木材の全生産量のうち約8割が違法伐採によるものと推計されている。2000年に

は、スマトラ島で熱帯林の面積が40年前のほぼ半分に減り、熱帯林が消失するおそれがあると危惧されている。また、このままの森林の減少が続けば、ボルネオ島の森林は壊滅的な状態になると予測されている。

スマトラ島やボルネオ島の森林には、スマトラゾウや、スマトラトラ、オランウータン、マレーグマなど絶滅が危惧されている哺乳動物が数多く生息しているほか、数多くの先住民や地域住民が森林の恵みに依存した伝統的な生活を送っている。インドネシアでは、周期的に訪れる異常乾季にともなって大規模森林火災が発生してきたが、とくに1997年から1998年にかけてスマトラ島とボルネオ島で、国際援助機関などの推計では数百万haに上る森林が焼失し、野生生物などへも重大な影響を及ぼしたと考えられている。

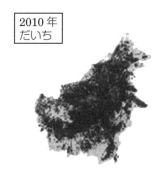

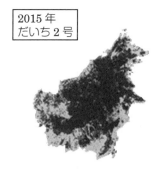

図6・2 人工衛星（だいち、だいち2号）によるボルネオ島における森林減少の様子
（出典：国立研究開発法人宇宙航空研究開発機構（JAXA））

この大規模な森林火災の原因としては、エルニーニョ現象による異常乾季に加え、アブラヤシなどのプランテーションの造成や産業造林などのための火入れが原因ともいわれている。インドネシアでは、1967年に10.5万haだったアブラヤシの栽培面積が、2002年に410万haと35年ほどのあいだに約40倍に膨れ上がっている。アブラヤシは、その実から油を絞るために植えられるが、そのために広大な面積の熱帯林が「皆伐（かいばつ）」されてしまい、野生動物の姿もほとんど見ることができなくなっている。

スマトラ島では、パーム油の原料となるアブラヤシの農園の面積がこの10年間で2.7倍に広がった。経済発展による油の需要増に加え、パーム油からのバイ

6. 生物多様性の保全

オディーゼルの需要増とともにヤシ農園の開拓のため熱帯林の伐採に拍車がかかっている。熱帯林は、ヤシ農園より多くの CO_2 を吸収するとされているが、伐採により CO_2 の固定量が減り、これに加えて森林を焼き払うとき、大量の CO_2 が発生する。さらに、森林が失われたことにより、これまで土壌にたくわえられていたメタンなどの大量の温室効果ガスが大気中に発生してしまうと予測されている。したがって、こういった環境の負荷が大きくなると、バイオ燃料の本来の目的に逆行して、地球温暖化をかえって促進するおそれがあるとされている。

6・4 生態系と生物多様性

(1) 生態系の仕組み

ある一定の地域に生息する全ての生物と、そのまわりの環境（大気、水、土壌、光、熱など）を一つのまとまりとしてみたとき、これを**生態系**（ecosystem）という。ある小さな生態系を例にとり、その仕組みを模式的に示したものを**図6・3**に示す。一般に、このような系においては、生物の種の組合せは、**食物連鎖**などを通じて相互に密接な関係があり、図のように生物は生産者、消費者、分解者に分類できる。**生産者**は、緑色植物や植物性プランクトンなどであり、無機物（水と CO_2）から太陽エネルギーによって光合成により有機物を生産する。人間も含め、全ての動物は、植物の生産した有機物や、ほかの生物を栄養源として摂取するため、**消費者**という。一方、生産者や消費者の遺骸や排出物は、微生物（菌類や細菌類など）の働きによって、CO_2、水、窒素、アンモニアなどの無機物に分解されるが、このような重要な働きをする生物を**分解者**という。

自然環境のなかでは動物も植物もそれぞれ互いに関係しながら生態系を形成し、人間も生態系のなかの1要素であると考える。人間が有害な廃棄物などを、生態系のもつ自然浄化力を超えて大量に放出すると環境汚染や自然破壊が生じるのである。

6・4 生態系と生物多様性

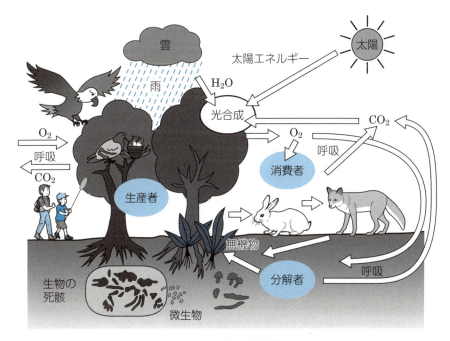

図 6・3　生態系の循環図

(2) 生物多様性

いろいろな生物種が存在することは、それだけ多様な生息環境が地球上に存在していることを示している。このような種や生態系の多様さを **生物多様性**（biodiversity）という。1992 年の地球サミットで締結された「生物多様性条約」では、地球上のあらゆる生物を生態系、種、遺伝子の三つのレベルでとらえている。

① 生態系の多様性

地球には、高山、ツンドラ、亜寒帯林、草原、熱帯林、サバンナ、砂漠などの環境に応じたさまざまな生態系が存在している。それぞれの生態系には、その地域の気候、土壌などの環境条件に応じた多様な生物種が生息している。さらに、原生的な自然や 2 次的な自然など、人為的な影響の度合いによっても異なるタイプの生態系が存在し、さまざまな生物相が成立している。生態系の多

様性は、種の多様性を生み出す源であり、生物多様性を守るためには、多様な生態系を保全していくことが重要である。

② **種の多様性**

種とは、生物を分類する場合の最も基本的な単位である。形態の特徴や繁殖上の独立性、地理的な分布などを考慮して決められている。3,000万種ともいわれる多様な生物が存在している理由は、地球上に生命が誕生して以来、40億年もの間の環境の変化や、生物どうしの生存競争のなかで行われてきた進化の結果である。

③ **遺伝子の多様性**

同じ種でも生息している地域によって、個体の形態や行動などの特徴が少しずつ違うことが多い。この差は、お互いの間で繁殖が行われない集団の間でみられる。水系ごとに隔離されている淡水魚や高山の昆虫類などはその代表である。同じ種内で多様性をもつことは、環境の変化などに対抗できる力となるほか、新しい種へ進化していく可能性にもつながる。

(3) 生態系サービス

生態系や生物多様性から私たちはさまざまな恩恵を受けているが、それを**生態系サービス**という。国連は2001年から2005年に**ミレニアム生態系評価**を実施し、生態系サービスを「供給サービス」「調整サービス」「文化的サービス」「基盤サービス」の四つに分類している（**表6・1**）。それらは、必ずしも経済的な価値の明確なものだけに限定されていない点に注意が必要である。

生態系サービスと生物多様性との関係については、単一あるいは少数種の作物から食料を効率的に得ることができるように相関があるが、供給サービスなどは必ずしも生物の多様性と直接的な関係がないようにみえる場合もある。しかし、生物多様性が豊かであるほど生態系サービスが向上するという場合も多くみられ、その源となる生物多様性の保全が重要である。

ミレニアム生態系評価によると、海洋の魚種の1/4が乱獲で枯渇するなど、人

6・4 生態系と生物多様性

表 6・1 四つの生態系サービスとその例

供給サービス (衣食住の原材料)	淡水、繊維、燃料、食料、遺伝子資源 生化学物質(医薬品)
調整サービス (快適・安全な暮らし)	気候の調節、水の調節、自然災害の防護、病気の制御、害虫の制御、花粉媒介、無毒化
文化的サービス (伝統・文化の発展、癒し)	精神的・宗教的価値、知識体系(伝統、慣習など)、文化的多様性、娯楽・エコツーリズム
基盤サービス (全ての生態系サービスの基盤)	水循環、土壌形成(昆虫や微生物が土をつくる)、光合成、栄養塩循環など

類の 50 年以上にわたる改変により、生態系サービスの約 60% が「悪化」または「持続不可能な状態で利用されている」と結論付けている。

> **column 名古屋議定書**
>
> 今日、とくに先進国の企業や大学は、動植物や微生物に由来する生物資源(遺伝資源)を利用して、医薬品や食品などの研究開発を行っている。その生物資源のほとんどは先進国が開発途上国の森林などに自由に入り込んで採取されたものであり、その生物資源保有国に先進国は何の対価も払わず国外に持ち出してきた。
>
> 製品化できない生物資源保有国と製品化して利益を得ている先進国で利害関係の対立を抑えるため、両者相互の利益を目指して結ばれたのが、2010 年の名古屋議定書(2014 年発効)である。この議定書によって、生物資源がもたらす利益を国際的に公平に分配することが合意された。日本は、2017 年に名古屋議定書を批准した。

(4) 生物多様性の保全

近年、図 6・4 で示すように気候変動、大規模な開発による森林破壊、大気や水質の環境汚染、魚介類の過剰利用、人の手が加えられることで多様な自然が維持されてきた里地・里山の荒廃、外来生物の渡来など種々の要因によって、野生生物種の絶滅が過去にない速度で進んでいる。

6. 生物多様性の保全

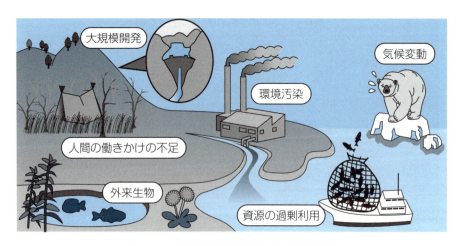

図6・4　生物多様性の危機をまねく要因の例

　生物多様性の保全に対する国際的な取組みには、1971年に採択されたラムサール条約（特に水鳥の生息地として国際的に重要な湿地に関する条約）があり、日本は1980年に加入した。また、野生生物の国際的な保護には**ワシントン条約**（絶滅のおそれのある野生動植物の種の国際取引に関する条約）が1973年に採択、1975年に発効、日本は1980年に批准した。この条約によって、それまで商取引の対象となってきたさまざまな動植物が絶滅の危機から救われてきた。

　さらに、野生生物種の絶滅を防ぐため、1992年に生物多様性条約が締結、1993年に発効した。それまでの国際条約（ラムサール条約やワシントン条約など）と異なり、保護対象を特定の種や地域に限定せず、地球規模で生物全体の多様性を包括的に保全し、生物資源の持続可能な利用を行うことを目的としている。日本でも、2008年、生物多様性の保全と持続可能な利用をバランスよく推進することを目的とした**生物多様性基本法**が成立、施行された。

　絶滅のおそれのある野生動植物種をリストアップし、その現状をまとめた報告書を**レッドデータブック**といい、そのリストを**レッドリスト**ともいう。表紙が赤色のため、この名が付けられている。1966年から国際自然保護連合（IUCN）によって刊行され、日本では1991年から環境庁（当時）が作成し始め、その後、各自治体や自然保護団体なども作成するようになった。

6・4 生態系と生物多様性

現在、地球上には数千万種の生物がいると考えられているが、そのうち、IUCN 2017 年版では、登録されたものは 9 万 1,523 種、うち 2 万 5,821 種を「絶滅危機種」と評価されている。このなかには、動物園で人気のある多くの動物も含まれている。日本の環境省の 2018 年の第 4 次レッドリスト改訂版では、絶滅のおそれのある種の総数は 3,675 種となっている（**表 6・2**）。

表 6・2　日本における絶滅のおそれのある野生生物数（2018 年）

分　類	評価種数	絶滅危惧種数	絶　滅＊
哺乳類	160	33	7
鳥類	約 700	97	16
爬虫類	100	37	0
両生類	76	29	0
魚類	約 400	169	4
無脊椎動物	約 40,500	1,044	24
（動物合計）		1,409	51
植物	約 13,400	2,204	48
菌類	約 3,000	62	27
総計		3,675	126

＊野生での絶滅を含む。　　（出典：環境省レッドリスト 2018）

絶滅の危機にある野生生物について、保全、保護活動も盛んになってきている。飼育繁殖させた動物を、いなくなってしまった地域に戻す**再導入**といわれる野生復帰の試みがある。1960 年から 1970 年代に欧米の動物園などで先駆的な試みが始まり、すでに 200 を超える事例があるが、成功例は 1 割程度とされる。アメリカのイエローストーン国立公園では、オオカミがその地域で絶滅したため、カナダからオオカミを再導入した。その結果、オオカミの存在が、食物連鎖を通じて失われた植生の回復に役立つことがわかり、生態系全体の保全にも有効であることが確認されている。

わが国では 2005 年秋、はじめて兵庫県豊岡市でコウノトリの再導入が行われ

6. 生物多様性の保全

た。そのとき5羽が自然放鳥され、2007年5月、国内の自然界では43年ぶりに幼鳥が誕生、2008年3月にも3羽の幼鳥が誕生して巣立つなど、現在、順調に計画が進んでいる。コウノトリは、明治以前までは日本各地でみられたが、乱獲などで激減し、野生での繁殖個体群は絶滅した。約50年前から人工繁殖計画が始まり、1990年代に入り、「再導入」に向けた取組みが本格化した。現在、放鳥されたコウノトリは水田などを生息域にしており、減農薬栽培や自然のえさ（ドジョウなど）の確保など、地域住民とコウノトリが共生できる環境づくりが進んでいる。

トキ（新潟県佐渡市）については、環境省は2008年9月末、10羽を新潟県佐渡市の「佐渡トキ保護センター野生復帰ステーション」周辺の水田地帯へ試験的に放し、順調に野生復帰が進んでいる。トキは、江戸時代には日本のほぼ全域に生息していたが、明治以降、乱獲や環境悪化で激減し、1970年からは佐渡に残るだけとなった。2003年に最後の「キン」が死に、日本産の野生種は絶滅した。その後、中国から贈られたつがいで人工繁殖に成功した。

絶滅に追い込まれたコウノトリやトキは、再び大空に戻っただけではなく、人々の暮らしと共存している。さらに、コウノトリは千葉県野田市や福井県でも放鳥され、トキも石川県や新潟県長岡市、島根県出雲市で分散飼育が進められるなど、第2、第3の生息拠点を作るための準備も進んでいる。

6・5 日本の生物多様性の現状

わが国の国土は、南北3,000 km、高低差3,000 m以上と複雑な地形を有している。サンゴ礁やマングローブ林の茂る亜熱帯から、高層湿原や針葉樹林が発達する亜寒帯まで、幅広い気候帯が分布している。シダ植物と種子植物が約7,000種、脊椎動物1,000種以上のほか、昆虫類は数万種を超えると推定され、日本だけの固有種も多い。これは、同緯度のヨーロッパ諸国と比較してもきわめて多様な生物相に恵まれていることを示している。また、炭焼きなど人間の手が入ることによって維持されてきた雑木林や、ススキ草原などの2次的自然も多くの生物の保全に役立ってきた。

以上のように広い気候帯と複雑な地形が基盤となり、原生的な自然と2次的な

6・5 日本の生物多様性の現状

自然が入り組むことによって、多様な生態系と、多彩でユニークな生物相が形成されてきた。しかし、現在、生物多様性の消滅につながる生物種絶滅のおそれが、おもに次の二つの原因によって急速に増している。

① **大規模開発**

　山岳地帯や島部での林道建設、大規模な森林伐採、ダム建設などの開発行為によって、生態系が破壊され、生物の生息環境が悪化してきた。また、都市部では大規模な住宅造成によって、里山、雑木林、水田などがなくなり、かつては身近にみられたメダカや秋の七草の一つであったフジバカマなどの動植物も絶滅の危機に瀕している。

　一方、人口減少社会になり、中山間地域や里地・里山においては、人間の働きかけの不足により人と自然が共生する環境が荒廃してきた。それにより、ニホンジカやイノシシ、タヌキなどの生息数や生息域が急速に拡大し、農林水産業などへの被害のほか、植生など生態系にも深刻な影響が生じている。また、公園や河川敷、緑道などが整備されて、山間部と都市部の緑地帯がつながるようになり、野生動物が都市部に進出しやすくなってきている。

　このようななかで、生態系を再生し自然と調和のとれた社会を築こうとする活動が世界的に広がってきた。日本では、2002年に**自然再生推進法**が成立し、釧路湿原では流域の森林保全・再生や河川の再蛇行化が進められるなど、多くの自然再生事業が進行中である。

② **外来生物**

　ペットや鑑賞用などのために国外や、国内のほかの地域から持ち込まれた動物（移入種）が、野生化して繁殖し、人に危害を加えたり、農作物に被害を及ぼす事例が増えている。さらに、在来種との交雑や、希少な日本固有の動植物が捕食され、生態系破壊の脅威が進んでいる。交通手段の発達により、船（荷物やタンカーの**バラスト水**など）や飛行機のなかなどにまぎれて偶発的に生物が運ばれるケースもある。

　例えば琵琶湖をはじめ、日本の湖沼でフナやモロコなどの淡水魚の減少が深

6. 生物多様性の保全

刻化している。その原因は湖沼の汚染によるほか、1970年代から、北アメリカを原産国とするブラックバス（オオクチバス、コクチバス）やブルーギルなどの魚食性の外来魚が、スポーツフィッシングのための放流などによって日本全域に広がり、在来魚を捕食していることによる。

　国際的に重要な水鳥の楽園でラムサール条約にも登録されている宮城県の伊豆沼・内沼でもオオクチバスが急増し、タナゴ類やモツゴ類が壊滅的な打撃を受けている。これらのブラックバス類とブルーギルは、ほかの外来魚と比べ、素人でも簡単に移植放流でき、平野や丘陵地の典型的な水辺環境である水田で容易に野生化が可能であり、繁殖しやすい。また、肉食で小型の魚種を食べ尽くすこともあって、在来魚種にとって大きな脅威となっている。最近では、東京や大阪、名古屋などの都市部の河川で、北アメリカ原産の肉食巨大魚であるアリゲーターガーが目撃されることが多くなっている。

　日本固有の生態系を守るためや、農業、人体の生命や健康などに被害を及ぼすおそれのある外来種をどのように管理すべきかの指針として、2005年に**外来生物法***が施行された。この法は、問題を起こすおそれのあるブラックバスやアカミミガメ（図6・5）などの外来種を「特定外来生物」に指定し、国の許可なく輸入や移動、飼育、栽培などをすることを禁止するものである。

図6・5　特定外来生物アカミミガメ
（出典：環境省）

る。国や地方自治体が必要に応じて指定生物の駆除を行ったり、また、個人が飼育する場合はマイクロチップなどを付ける個体識別管理を義務付け、国の許可が必要とされている（図6・6）。

　鹿児島県の奄美大島には、国指定特別天然記念物のアマミノクロウサギをはじめ、固有の希少種が数多く生息している。しかし、1979年ごろにハブを捕ら

---

*　特定外来生物による生態系等に係る被害の防止に関する法律

える天敵として移入された（**バイオコントロール**という）マングースが約5千〜1万頭に増え、アマミノクロウサギなどの希少種を捕食していることが判明した。2005年、「特定外来生物」にマングースが指定され、捕獲駆除が進められている。

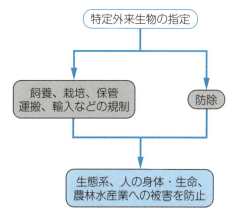

図6・6 外来生物法による規制のしくみ

ポイント

- 世界の森林面積は、現在、世界の陸地面積の約31%を占めており、森林の減少速度は減ってきているが、森林の減少に未だ歯止めはかかっていない。
- 中国やヨーロッパでは、森林が増加しているが、アフリカや中南米、東南アジアでの熱帯林の減少が著しい。
- 森林破壊の影響には、野生生物種の現象、CO_2吸収量の低下、食料・燃料源の減少、水源の涵養機能の消失と気候への影響などがある。
- 生態系サービスとは、人間に利益をもたらす生態系の働きであり、生物多様性は生態系サービスの基盤である。
- 野生生物が減少するおもな原因として、人間による生息地の環境破壊、乱獲、外来種による在来種の駆逐など、多くの要因がある。
- 生物多様性を保全するための国際的な取組みに、ラムサール条約、ワシントン条約、生物多様性条約がある。
- 絶滅のおそれのある野生動植物種をリストアップしたものをレッドデータブックといい、日本の環境省の2018年の第4次レッドリスト改訂版では、絶滅のおそれのある種の総数は3,675種となっている。
- 絶滅の危機にある野生生物について、保全、保護活動も盛んになってきてお

り、飼育繁殖させた動物を、いなくなってしまった地域に戻す「再導入」という試みがある。

- 日本固有の生態系を守るためや、農業、人体の生命や健康などに被害を及ぼすおそれのある外来種を管理するために、2005年に外来生物法が施行された。

演習問題

6・1　アマゾンの熱帯林が、生物資源（遺伝子資源）の宝庫として注目されているのは、どのような理由によるのか考えてみよ。

6・2　わが国においてすでに絶滅した哺乳類には、ニホンオオカミなど7種、鳥類には16種（野生絶滅のトキを含む）、汽水・淡水魚類に4種があることが確認されている（表6・2）。それらの絶滅の原因を調べてみよ。

6・3　第二次世界大戦前、太平洋の島々でネズミが異常繁殖した。そこで、困った住民はネズミを退治するため、天敵であるオオトカゲを移入したが、期待した効果がほとんどなく、むしろオオトカゲが鶏などの家きんを襲う事態になってしまった。この「バイオコントロール」がうまくいかなかった理由を推定してみよ。

6・4　エルニーニョ現象、ラニーニャ現象の仕組みについて調べ、このような異常気象と森林破壊および砂漠化との関連について考えてみよ。

6・5　「再導入」に似た手法に「補強（強化）」がある。再導入との違いを調べてみよ。

6・6　小笠原諸島は、固有の植物が多い貴重な自然生態系であるが、近年、外来種によってどのような影響が出ているか、調べてみよ。

6・7　アフリカ・タンザニア共和国の北部に広がる世界第3の広さの湖、ビクトリア湖は、多種多様な生物が生息し、その進化を観察できることから「ダーウィンの箱庭」と呼ばれてきた。しかし、1960年代に実験的に放された淡水魚ナイルパーチによって、現在、湖はどのような状況にあるか調べてみよ。

7 化学物質と環境

　私たちの周りは、職場や学校、家庭の内外で、家電製品や事務機器、または衣類や、自動車など、ありとあらゆるところに化学物質があふれている。それらのほとんどは、石油からつくられた人工化学物質であり、人々の生活をより便利で快適なものにするうえで欠かすことができない。人工化学物質は優れた点も多いが、なかには人々の健康を害したり、環境汚染の原因物質となるものもある。

7・1　環境中の化学物質

　私たちの身のまわりには、日用品や医薬品、建物や自動車のなかで多種多様な人工化学物質が使われており、生活の利便性と質の向上に大いに役立っている。科学技術の進歩とともに、製造・使用される化学物質の種類と量が増え、これまでに、2018年8月時点で約1億4,300万種を超える化合物が、化合物に関する世界中の論文や特許情報などを抄録している「ケミカル・アブストラクト」誌に登録されている。化学製品に対する需要と種類の多様化により、ある1種類の害虫にのみ効く農薬のように、目的とする機能の高さが追求されるばかりでなく、環境中で分解しやすく、さらに安全で人体・環境への影響が少ないものが求められている。

　化学物質は農薬や有機溶剤などの通常の使用や、化学工場の事故などの意図しない事態によって環境中に放出されることがある。一般に、ほとんどの化学物質は環境中で、大気、土壌、水系、低質、生物など、各種の媒体を経由して次第に分解されていく。化学物質の分解性は、水に対する溶解性、蒸散（気化）性、土壌などに対する吸着性、化学構造などの種々の要因によって変わる。物理化学的な環境因子、熱、光（紫外線）、酸素、水（加水分解）などによって分解するほ

7. 化学物質と環境

か、生物（とくに微生物）によって代謝あるいは資化（栄養分になる）され、最終的には、水と二酸化炭素（CO_2）などの無機物になる。環境中には石油や有機塩素系化合物を分解する微生物も発見されてはいるが、環境中で自然には分解されにくく、大気、水、食物を通じて私たちの体内に取り込まれる可能性のあるものが存在する。

1962年、アメリカのレイチェル・カーソンによって『沈黙の春』（Silent Spring）が刊行されると、殺虫剤や合成化学物質と野生動物における異常現象との関係が議論されるようになった。日本でもその後すぐ、農薬 BHC による牛乳の汚染が明るみに出た。膨大な新規物質が市場に出るなか、1973年に「化学物質の審査及び製造等の規制に関する法律（化審法）」が制定され、1970年代の後半から、審査や規制の国際標準化を探る動きが始まった。1992年、地球サミットで、化学物

column 沈黙の春

Rachel Carson,『Silent Spring』, Houghton Mifflin Company, 1962

アメリカの海洋生物学者で時事評論家のレイチェル・カーソン女史（1907～1964）が、『沈黙の春』を刊行したのは1962年であった。当時、放射能などの危険性は知られていたが、農薬として大量に使用されていた DDT（殺虫剤）などの化学物質の危険性については、ほとんど知られていなかった。

彼女はこの本で、薬や殺虫剤などの化学物質の大量使用によって生態系が破壊され、それが人間にも大きな影響を及ぼすことを、「鳥たちが鳴かなくなった春」という出来事を通して警告した。産業界からは、激しい批判を受けたが、環境問題に関する議論が湧き上がり、マスコミも取り上げるようになった。このことによって、ケネディ大統領が化学物質による環境汚染問題の調査に乗り出した。『沈黙の春』は、1970年の環境保護局設立の契機となり、アメリカの環境政策に大きな影響を与えた。

質が環境問題のテーマの一つとなった。

1996年アメリカでシーア・コルボーンらによって『Our Stolen Future』が出版され、それが環境ホルモン問題の引き金となった。わが国の高度成長期に起きた産業公害は、比較的高濃度で局所的な汚染が特徴であった。しかし、現代の化学物質による汚染の問題は、きわめて低濃度で汚染が長期間・広範囲にわたっている。しかも、環境中には無数ともいえる化学物質が存在しているため、それらとの複合的な作用が懸念されている。また、多くの化学物質については、発がん性など毒性に関する十分なデータが揃っていない。さらに環境中には無数ともいえる化学物質が存在しているため、個々の化学物質の作用が増強される複合的な作用も懸念されている。

7・2 生物濃縮

化学物質のなかでとくに水に溶けにくい有機化合物は、一般に環境中に放出されたときの濃度がきわめて低くても、生態系の食物連鎖のプロセスを通じて、初めにあった環境中の濃度より数千万倍から数十億倍の濃度に生体内で濃縮される。この現象を**生物濃縮**という。

アメリカの五大湖で明らかにされたポリ塩化ビフェニル（PCB）の生物濃縮の例を**図7・1**に示す。環境中に排出されたPCBは水にほとんど溶けず、また水よりも重いため、大部分は湖底の泥（底質）のなかに沈でんする。そこでPCBはまず、直接吸収によってプランクトンの細胞内に取り込まれる。PCBのような有機塩素化合物は脂肪に溶けやすく、しかも分解されにくい特性がある。そのため、生体内にとりこまれると脂肪組織に入り、外部にも排出されず、体内に蓄積する。これにより、プランクトン細胞内のPCB濃度は湖水中のPCB濃度の250〜500倍にもなる。

次に、プランクトンを食べるアミは、PCBも一緒に摂取し、アミの体内のPCB濃度は4.5万倍にもなる。さらに、そのアミを食べる魚では、体内のPCB濃度がさらに高くなり（83〜280万倍）、水→プランクトン→アミ→魚→鳥へと伝わるにつれてPCBが濃縮されていく。湖水中のPCB濃度を1とした場合、プランク

7. 化学物質と環境

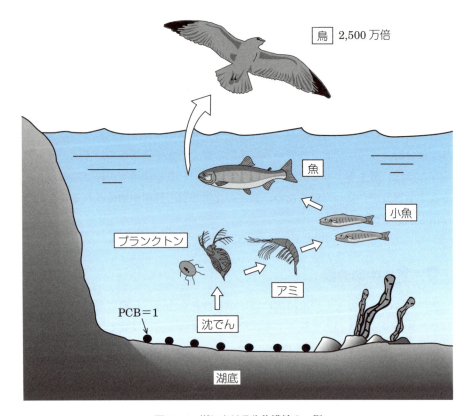

図 7・1　湖における生物濃縮の一例

トンから鳥（カモメなど）に至る食物連鎖を通じて、約 2,500 万倍に生物濃縮される。

　PCB や DDT のような有機塩素化合物は、常温では液体や固体であるが、蒸気圧が低く、赤道付近の気温の高い低緯度地方では、容易に揮発し、大気の流れにのって移動し、気温の低い極地などで凝縮して地面や海面に到達する。そこで食物連鎖により人間や北極グマ、アザラシなどが摂取する事例がみられている（図 7・2）。北極のアザラシの大量死や繁殖率の低下が確認され、北極圏に住むイヌイットの母乳中には、モントリオールの住民の数倍の PCB が含まれていることがわかっている。このような物質を **残留性有機汚染物質**（**POPs**：Persistent

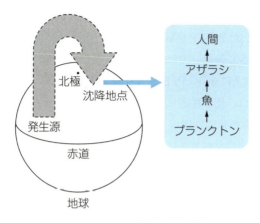

図7・2　POPsの移動と生物濃縮

Organic Pollutants）といい、全廃・削減を定めた**POPs**（ストックホルム）**条約**が2001年に採択された。

7・3 有害な化学物質

人工的に作り出されてきた化学物質は環境中で分解しにくいものが多く、とくに塩素を含む有機化合物（有機塩素化合物）の汚染による健康被害が大きな社会問題となってきた。ここでは、PCBやDDTのような、環境や生命にとって有害な化学物質についてみてみよう。

(1) PCB・ダイオキシン

PCBとダイオキシンは、2個のベンゼン環がつながった分子で、そのベンゼン環の10個の水素がいくつか塩素原子に置き換わったものである。いずれも、塩素の付くベンゼン環の位置とその数によって200種類もの異性体があり、分解しにくく、脂肪組織に蓄積するため、体内への残留性が高い。PCBは、燃焼するとダイオキシンや類似の物質が多数生じる。

PCBは、耐熱性や絶縁性に優れ、化学的な安定性も高いため、電気機器の絶縁

油やプラスチックの添加剤、溶剤などとして世界中で大量に使われていた。1968年、食用油に混入したPCBを摂取したために、皮膚の異常や肝臓障害などの健康被害が生じた「カネミ油症」の原因物質であることが判明した。そのため、PCBは1972年に製造禁止になり、PCBを含む電気機器は現在、全国の自治体や会社、工場などで保管され、化学反応によって無害化する処理が行われている。現在では、カネミ油症の真の原因物質はPCBではなく、食用油に含まれていたダイオキシンの一種のポリ塩化ジベンゾフラン（TCDF）ではないかといわれている。

　PCBの異性体のうち、二つのベンゼン環が同一平面上にあるコプラナーPCB（Co-PCB）はとくに毒性が強いため、**図7・3**のようにポリ塩化ジベンゾパラダイオキシン（代表例TCDD）およびポリ塩化ジベンゾフラン（代表例TCDFなど）とともにダイオキシン類に分類されている。

　ポリ塩化ジベンゾパラダイオキシンのうちで4個の塩素が2, 3, 7, 8の位置に入ったTCDDが最も毒性が高く、合成化学物質のなかでは最も強い急性毒性をもつ。ダイオキシンは、塩素を含む物質をごみ焼却場などで、800℃以下の温度で燃焼させることで発生する。焼却施設からのダイオキシン削減対策としては、ごみの完全燃焼が最も有効である。燃焼温度は800℃以上、滞留時間（可燃物が炉内にある時間）が2秒以上、十分な酸素を供給し、さらに排ガス処理をほぼ完全に行う必要がある。

　ダイオキシンの人体への流入経路は**図7・4**に示すように、95％以上が葉菜類、牛乳、肉、魚介類からで、その70％以上が魚由来と推定されている。そのほか、大気から呼吸によって1.5％、水から0.01％、土壌から0.4％取り込まれている。

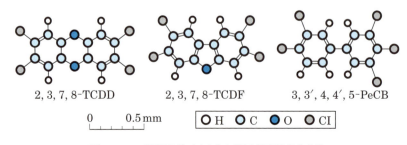

図7・3　3種類のダイオキシン類の代表的な化合物

7・3 有害な化学物質

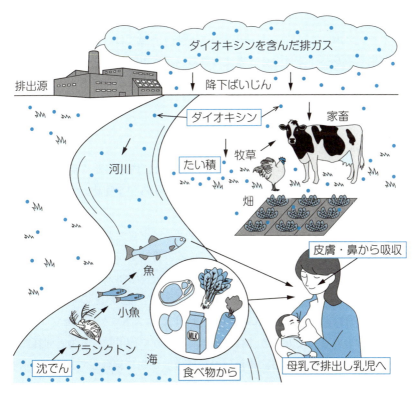

図7・4 ダイオキシンの発生と体内流入経路

　自然界では、ダイオキシンは紫外線や微生物の働きによって、少しずつ分解されている。
　ダイオキシンには、人が一生摂取しても健康に影響がない摂取量、耐容1日摂取量（TDI：Tolerable Daily Intake）として 4 pg-TEQ/kg/日が決められている。この値は体重 1 kg あたりで表されている。なお、TEQ（2, 3, 7, 8 - TCD Dtoxicity equivalent quantity、毒性等価換算量）は、ダイオキシン類の化合物の毒性を、それらのなかで最も毒性の強い 2,3,7,8 - TCDD の毒性に換算して合計した値であり、1 pg（ピコグラム）は1兆分の1 g のことである。わが国の平均的な食事からのダイオキシン類の摂取量は、1.33 pg-TEQ/kg/日であって、耐容1日摂取量を下

回っている。

　ダイオキシン類は、「日常の生活のなかで摂取する量では、急性毒性や発ガンのリスクが生じるレベルではないと考えられる（平成17年版環境白書）」が、環境ホルモンとしての作用も疑われているため、これで十分安全であるということではない。

(2) 環境ホルモン

　ダイオキシン類を含む60種類以上の化学物質は、**内分泌かく乱化学物質**（いわゆる**環境ホルモン**）と総称され、環境中に存在する化学物質のうちで、生体に対してホルモンのような作用を示すものである。

　一般に、これまでの知見では女性ホルモン（エストロゲン）と似た生理作用を示すためエストロゲン様物質とも呼ばれている（男性ホルモンと似た作用を示す合成物質はまだ見つかっていない）。ホルモンと、そのホルモンのレセプター（受容体）は、よく「かぎ」と「かぎ穴」に例えられる。**図7・5**のように、内分泌かく乱化学物質は、本物のホルモンとは違うのに、エストロゲンレセプター（ER）にうまく組み合わさってしまう「合いかぎ」のように作用し、本物と同様の作用をもたらすと考えられている。また、「合いかぎ」が先に結合してしまい、本物が「かぎ穴」に結合することを阻害するタイプや、ホルモンの生成、代謝などに作用することでかく乱を引き起こすパターンもあるとされる。

　内分泌かく乱化学物質は、天然の女性ホルモンに分子の構造や大きさが似ているものが多く、一般に、分子サイズが小さく、水にほとんど溶けずに脂肪に溶けやすい、環境中で分解しにくい、微量で生物学的作用を示す、などの共通の特徴がある。それらの物質には、ダイオキシンやPCB、農薬（DDT、HCH）、プラスチックやエポキシ樹脂の原料のビスフェノールA、界面活性剤が微生物の働きで分解して生じるアルキルフェノールなどがある。

　内分泌かく乱化学物質は生殖系に作用するため、次世代への影響が最も危惧されている。しかし、合成ホルモン剤やダイオキシンの高濃度暴露のような例外を除くと、その有害性には未解明な部分が多く、科学的知見を集積するための基礎研究が世界各国で実施されている。

7・3 有害な化学物質

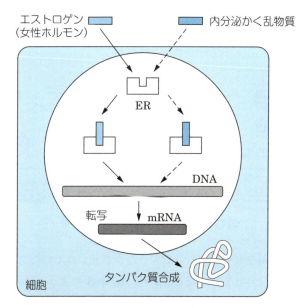

図7・5 環境ホルモンの想定メカニズム

近年、子どもたちの間では、ぜんそくやアトピーなど生活環境のなかにある物質が原因とされる疾病が増加している。環境中の大気汚染物質濃度は、低くなってきているため、子どもたちの間に増加している心身の異常と、胎児のころから接する環境中の化学物質との関係が注目されている。2010年度から10万組の両親と子どもを対象とした疫学調査、**子どもの健康と環境に関する全国調査（エコチル調査）**が行われている。

(3) フロン

第2章4節でみたようにオゾン層を破壊する原因となる代表的な化学物質がフロンである。フロンはメタン（CH_4）やエタン（C_2H_6）など単純な分子中の水素を、塩素やフッ素で置き換えた人工化学物質（クロロフルオロカーボン、CFC）の総称である。フロンは、無臭、不燃、無害でかつ化学的に安定であるという非常に使いやすい特性をもっていたため、大量に生産され、冷蔵庫、エアコンの冷媒や噴霧剤、溶剤に使われた物質である。

7. 化学物質と環境

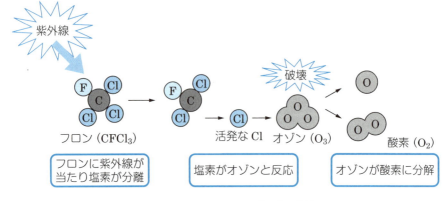

図7・6　フロンによるオゾン層の破壊

　エアコンや噴霧剤などを廃棄した結果、なかで使われていたフロンは大気中に放出され、成層圏に昇って長時間とどまり、**図7・6**のように紫外線に当たると、塩素原子を放出する。すると、その塩素とオゾンが反応して、オゾンが酸素などへ分解される。フロンから放出された塩素原子1個は、数万個のオゾン分子を分解する。このフロン原子が成層圏に滞留する時間は50〜100年以上ときわめて長く、この事態も問題を深刻にしている。

　フロンは1987年採択の「モントリオール議定書」で国際的に規制され、従来のフロンの製造は、1995年末で全面禁止になった。その結果、フロン濃度の上昇に歯止めがかかったが、過去に排出されたフロンは分解されずに大気にとどまっている。**特定フロン**と呼ばれるフロン11（CCl_3F）など5種の代わりに**代替フロン**が開発され使用されている。CFCより分解しやすいHCFC（ハイドロクロロフルオロカーボン）、塩素を含まずオゾン層を破壊しないHFC（ハイドロフルオロカーボン）やPFC（パーフルオロカーボン）である（**図7・7**、**表7・1**）。しかし、HFCがCO_2の数百〜1万倍の温室効果があるなど、これらはいずれも強力な温室効果ガスであるため、2020年の原則撤廃が決められた。2016年に合意されたモントリオール議定書の改正では、代替フロンのHFCについて、先進国が2036年までに製造や使用量を85％、発展途上国が2045年に80％削減することが決められた。

7・3 有害な化学物質

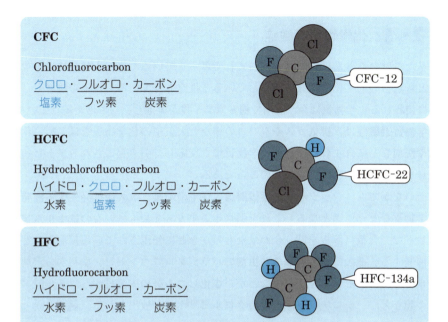

図7・7 フロンと代替フロン（HCFCとHFC）の構造

表7・1 特定フロンと代替フロンの比較

	特定フロン		代替フロン
	CFC	HCFC	HFC
オゾン層破壊	ある	ある	ない
地球温暖化	ある	ある	ある

なお、オゾン層を破壊する物質には、CFC以外にも消火剤として使われているハロン（フロンのうち臭素を含むもの）や洗浄剤であるトリクロロエチレンや四塩化炭素（CCl_4）などもある。

7・4 化学物質過敏症

私たちはたくさんの化学物質に囲まれて暮らしているため、人体中には、少なくとも数百の人工化学物質が存在していると推定されている。住宅の建材や日用品に使われる化学物質は今、国内で約6万7千種が流通し、なお増え続けている。**化学物質過敏症**は、排気ガスやタバコの煙など大気中の化学物質をはじめ、化粧品や洗剤などに含まれる微量の化学物質にも反応して引き起こされるアトピーや喘息などの体調不良や健康障害のことである。

そのなかでも、**シックハウス症候群**は、住宅の新築、改装後に発生する揮発性化学物質などが原因となる。これを引き起こすガスで最も多いものはホルムアルデヒドで、合板（薄板を貼り合わせたもの）などに使用されている接着剤などから揮発する。そのほか、衣類の防虫剤のパラジクロロベンゼン、塗料から溶剤のトルエン、ベンゼン、キシレンなどが、塩化ビニル製の内装材からフタル酸エステル類などが、シロアリ駆除剤からクロルピリホスが放出される（**図7・8**）。

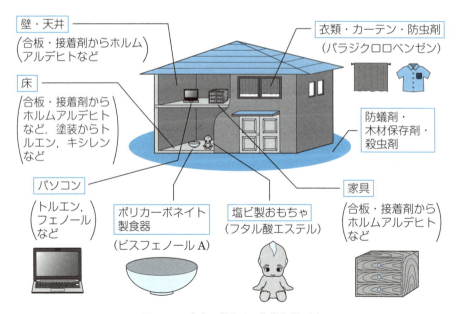

図7・8 室内で発生する化学物質の例

7・5 土壌汚染

　このような化学物質過敏症発症のメカニズムとしては、健康な人でも特定の化学物質をある一定以上（ストレスの総量がその人の適応能力を超える程度）摂取すると突然発症し、そしてその特定の化学物質に対して一度過敏症を獲得してしまうと、ごく微量でも反応するようになるといわれている。しかし、未だ決定的な治療法はなく、スポーツ・入浴などで新陳代謝を活発にして、原因物質を体外に排出することが唯一、効果的であるといわれている。

　国内の研究では、化学物質過敏症の患者は 70 万人に上ると推測されており、厚生労働省は、健康影響からみた室内空気中化学物質のガイドラインを設定してきた。また、国土交通省なども、発生源となる建築資材の化学物質の放散量を抑制する指導に乗り出したり、建築基準法を改正して室内空気中の化学物質の濃度を下げる方策を義務付けた。しかし、希薄な濃度の化学物質と健康被害との関係を証明していくことは難しいのが現状であり、科学的に解決すべき多くの課題が残っている。

7・5 土壌汚染

　土壌は、大気や水とともに陸上の植物、微生物、昆虫、鳥類、魚類、哺乳類などの生態系維持に欠かすことができない重要な役割を果たしている。しかし、人間が金属などの地下資源を利用し始めた古代文明以降の鉱山開発により、これまで日本でも別子銅山鉱毒事件、足尾銅山鉱毒事件、イタイイタイ病など、農用地の土壌汚染は、歴史的に古くから最近の東京都豊洲の土壌汚染などに至るまで数多く起こってきた。

　イタイイタイ病は、岐阜県の神岡鉱山から神通川に排出されたカドミウムで汚染された米を食べた住民に発生した（第 8 章 1 節）。その後、全国的に金属鉱山・精錬所周辺の農地でカドミウム、ヒ素、銅などの重金属による土壌・米汚染が多数発見されたため、世界に先駆けて 1970 年に「農用地土壌汚染防止法」が制定された。イタイイタイ病が生じた地域では、900 ha の土壌の泥を入れ替える土壌復元事業が 1979 年から 30 年以上も続けられ、汚染土の数値は国際基準以下にまで戻り、2012 年には完工式が竣工した。

さらに、1970年代には日本化学工業の工場跡地での東京都六価クロム鉱さい事件、1980年代には、兵庫県の東芝太子工場、千葉県君津市の東芝コンポーネント君津工場などで、金属製品などの洗浄に使われた揮発性有機化合物（VOC：Volatile Organic Compounds）による地下水汚染が発生した。その後、全国各地のハイテク工場で次々と地下水汚染が発覚した。

最近では、産業構造の変化にともなう工場跡地のマンション建設などで、重金属やVOC（トリクロロエチレンやテトラクロロエチレン）など有害物質による市街地の土壌や地下水汚染が多発している。とくに大阪市中心部では、大規模な再開発地での鉛、ヒ素、六価クロムなどによる土壌汚染問題が相次いでいる。一般に重金属は、水に溶けにくいものが多く、土壌粒子に吸着されやすいので、汚染は蓄積される傾向にある。さらに、土壌の吸着能力を超える場合、土壌の深部まで浸透し、地下水の汚染問題が深刻となる。一方、揮発性有機化合物は、水よりも重く粘性が低い（さらさらしている）ために、地中に浸透し、拡散しやすい特性があり、重金属とは違った危険性がある。

海外の工業先進国でもアメリカのラブカナルの土壌汚染、カリフォルニア州シリコンバレーの地下水汚染など市街地の土壌汚染が多発し、その結果、アメリカのスーパーファンド法、ドイツやオランダの土地保護法などが制定され、土壌浄化対策が進められた。わが国では欧米より10～20年遅れて、2002年に**土壌汚染対策法**が制定されているが、土壌汚染の調査・汚染対策を、原則として汚染原因者ではなく、土地所有者に義務付けていること、汚染対策は原則として覆土（盛り土）とすることなど、数多くの問題点が残されている。

7・6　マイクロプラスチック

1950年以降、世界で製造されたプラスチック製品の総量は83億tに達するとされる。2015年の世界全体のプラスチックごみの発生量は約3億tに上り（国連環境計画による）、このうち、半分近くをレジ袋やペットボトルといった使い捨て製品が占めている。しかし、再利用はごくわずかで、大半のペットボトルや包装材、レジ袋、ストローなどのプラスチック製品が投棄されるなどして年間800～

7・6 マイクロプラスチック

　1,000万tに上るプラスチックごみが世界の海に流れ込んでいるとされる。そのごみをウミガメや海鳥、クジラなどが餌と間違えて飲み込んだり、合成繊維の漁具や漁網にからまって窒息死するなど生態系への影響が懸念されている。

　とくに、今、世界の海で深刻な問題となっているものは、プラスチックごみが、海のなかで紫外線や波などによって砕けたマイクロプラスチック（直径数mm程度以下のプラスチック片）である。マイクロプラスチックが生態系に及ぼす影響の仕組みを図7・9に示す。これが、魚や貝などを通じた食物連鎖によって人体に悪影響をもたらす懸念が指摘されている。有害化学物質をマイクロプラスチックが吸着する性質があるため、誤って飲み込んだ海鳥や魚などの生体内に化学物質が生物濃縮される危険性が危惧されている。

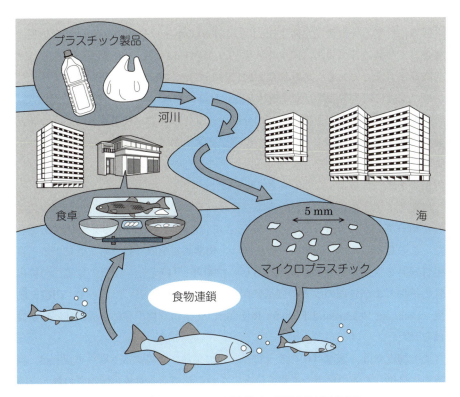

図7・9　プラスチックごみが生態系に影響を及ぼす仕組み

最近では、洗顔料や歯磨き剤などに含まれる微細な粒子や化学繊維の糸くずなどが下水処理では除けず、マイクロプラスチックの一種として危惧されている。世界の海に流入するプラスチックごみは今後も増加し、2050年には重量換算で魚の重量を超すとの予測もあり、国際的な対策の構築が求められている（2016年の世界経済フォーラム（ダボス会議））。国連環境計画によると、レジ袋や発泡スチロール製食器などの生産を禁止したり、使用時に課金する規制を導入している国・地域は少なくとも67に上るとされる。

7・7 化学物質の管理

これまで、わが国において化学物質に関する種々の法規制が行われてきた。人、生態系に対する「労働安全衛生法」「毒物劇物貯蔵法」「食品衛生法」「化学物質の審査および製造等の規制に関する法律」「大気汚染防止法」「水質汚濁防止法」「農薬取締法」などである。地球環境問題に対しては、「特定物質の規制等によるオゾン層の保護に関する法律」や「地球温暖化対策の推進に関する法律」などがある。

しかし、環境問題が多様化し、内分泌かく乱化学物質に代表されるような新たな有害性が指摘されるようになり、管理が必要な物質が増加し、このような法による規制では間に合わなくなってきた。そこで「被害の未然防止」の観点からの対策も求められるようになってきている。

現在では化学物質が広範囲の産業で使われるため、製品の「開発→製造→加工→使用→廃棄」のライフサイクルを通じて化学物質を管理する必要性が出てきた。このため、これらの問題の解決には、化学物質を取り扱う事業者による「自主管理」を促進することが重要であり、1999年、「特定化学物質の環境への排出量の把握および管理の改善の促進に関する法律」（化管法）によって、**PRTR制度**（Pollutant Releaseand Transfer Register、化学物質排出移動量届出制度）が設けられた。

この制度では、図 **7・10** のように、一定の条件に該当する工場や事業所が、環境中に排出した人の健康や生態系に有害なおそれのある対象化学物質の量と、廃棄物として処理するために事業所の外へ移動させた量を把握し、行政機関に年1回

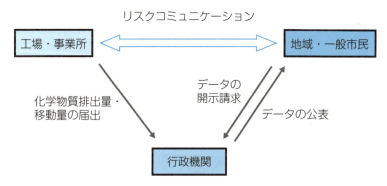

図 7・10　PRTR 制度における情報の流れ

届け出る義務を負っている。製造業や金属鉱業など 24 業種のうち、従業員数 21 人以上、対象化学物質を年間 1 t 以上取り扱う事業者が対象になっている。

　行政機関は届け出されたデータを整理・集計し、また家庭や農地、自動車などから排出されている対象化学物質の量を推計し、データの開示請求があれば公表するシステムとなっている。情報公開法により開示されたデータを基に、地域住民・一般市民は、化学物質の管理に対する意見や改善要求を事業者に対して請求でき、リスクコミュニケーションの活発化で、管理の改善が期待できる。2003 年春に、1 回目（2001 年度分）のデータが公開された。環境省 PRTR インフォメーション広場では、個別事業所の PRTR データや事業所からの届け出以外の排出量を推計した結果を見ることができる。

　図 7・11 には、2017 年度に全国で環境への届出排出量が多い化学物質について、上位 10 物質までを一覧にしたものを示す。溶剤や合成原料として用いられるトルエン（C_7H_8）、キシレン（C_8H_{10}）、エチルベンゼン（C_8H_{10}）の排出量が多く、主として化学工業や自動車製造業などに由来している。

　トルエンとキシレンの排出量は、最近ではかなり減少してきているが、これらの含有量の少ない溶剤などへの切り替え、排気に含まれるトルエンなどを除去・回収する装置の導入などが進んでいるためと考えられる。

7. 化学物質と環境

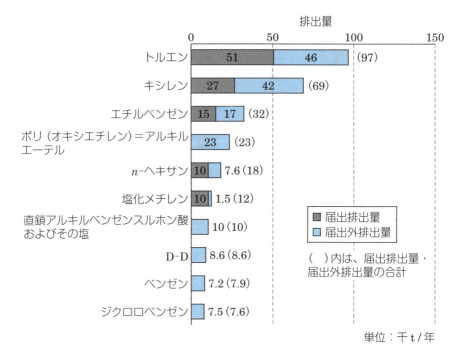

図 7・11　全国の PRTR 法による 2017 年度の排出量上位 10 物質とその量
（出典：PRTR インフォメーション広場）

> **ポイント**
>
> 💡 環境中には無数ともいえる化学物質が排出・存在し、きわめて低濃度で汚染が長期間・広範囲にわたり、生物濃縮が行われているということを考える必要がある。
>
> 💡 PCB などの残留性有機汚染物質（POPs）は、赤道付近の使用された所から、大気の流れにのって北極や南極まで地球規模で移動する。
>
> 💡 PCB を含む電気機器は、国内で保管・処理が行われているが、処理が遅れている。
>
> 💡 焼却施設からのダイオキシン削減対策が進み、大気中の濃度は通常の生活上、安全なレベルになっている。
>
> 💡 内分泌かく乱化学物質の有害性には、まだ不明な点が多く、科学的知見を得る

ための基礎研究が行われている。
- 化学物質の健康への影響の一つに化学物質過敏症があり、また 2010 年度から、「子どもの健康と環境に関する全国調査」(エコチル調査) が実施中である。
- 代替フロンの HFC はオゾン層を破壊する作用はないが、強力な温室効果がある。
- プラスチックごみが、海の中で紫外線や波などによって砕け、5 mm 以下の粒になったマイクロプラスチックによる生態系への影響が危惧されている。
- PRTR 制度によって有害性のある化学物質が、どのような発生源から、どれくらい環境中に排出されたか、あるいは廃棄物に含まれて事業所の外に運び出されたかというデータを把握することができる。
- 溶剤や合成原料として用いられるトルエン、キシレン、エチルベンゼンの環境中への排出量が多くなっている。

演習問題

7・1 1 ppm と 1 ppt の濃度の違いについて調べてみよ。

7・2 PCB の処理方法について、調べてみよ。

7・3 PCB がどのようにして世界の海に広がったか、そのメカニズムを考えてみよ。

7・4 環境ホルモンとほかのホルモン、例えばインシュリン、甲状腺ホルモン (チロキシン) やたんぱく質 (筋肉タンパク質の一種アクチンなど) と分子の大きさの違いを比べてみよ。

7・5 ダイオキシンなどの化学物質が、環境中で徐々に分解されていくメカニズムを考えてみよ。

7・6 アメリカの五大湖沿岸では、PCB などによって汚染された土壌の回復作業が実施されている。どのような方策がとられているか調べてみよ。

7・7 シックハウス症候群の症状についてまとめてみよ。

7・8 欧州連合 (EU) の化学物質に関する規制、RoHS 指令と REACH について、それぞれの内容を調べてみよ。

7. 化学物質と環境

column DDT の光と影

　DDT は五つの塩素原子を含み、化学産業の製造過程で余る塩素を有効利用しようとする試みのなかで、1874 年ドイツではじめて合成された。その後 1939 年スイスのガイギー社によってジャガイモに対する殺虫効果が見出され、安価で、多くの昆虫に対して殺虫効果があるため一般に広く使用されるようになった。DDT は昆虫以外の高等生物には無害と考えられたので、発疹チフスやマラリアを媒介する蚊やシラミの駆除剤として、第二次世界大戦中から、大量に使用されるようになった。この散布によりチフスやマラリアは各国で劇的に減少した。スリランカを例に取ると、1948 年から 1962 年まで、年間 250 万人発生していたマラリア患者は 31 人にまで激減したと報告されている。こうした功績もあり、発見者のミュラーは 1948 年ノーベル賞を受賞した。

　しかし、1962 年、レイチェル・カーソンによって、DDT は発がん性や残存性があるという問題点が指摘されたのをきっかけとして、ついに 1968 年に DDT は全面禁止となった。これによりマラリア患者が劇的に減少していたスリランカでは、禁止後 5 年後には患者発生が元の 250 万人まで戻る結果となっている。さらに 90 年代には DDT には内分泌かく乱効果があるという指摘もされた。しかし、DDT 散布で救われた人命は 5 千万とも 1 億人ともいわれ、このような効用を考えると複雑な問題をはらんでいる。WHO は 2006 年、マラリア対策のための室内での DDT の使用を推奨すると発表した。なお、現在の化学物質の開発現場では、環境中で分解されないものは、安全性の試験によってふるい落とされてしまい市場には出ないシステムになっている。

表 7・2　化学物質の急性毒性のランキング

天然物	LD_{50}（g / kg 体重）*	化学物質
ボツリヌス菌毒素	10^{-9}	
破傷風菌毒素	10^{-8}	
	10^{-7}	
スナギンチャクの毒素	10^{-6}	2, 3, 7, 8-TCDD（モルモット）
赤痢菌毒素	10^{-5}	2, 3, 7, 8-TCDF
フグ毒（テトロドトキシン）	10^{-4}	サリン
トリカブト（アコニチン）	10^{-3}	2, 3, 7, 8-TCDD（ハムスター）
コブラ毒	10^{-2}	マスタードガス
ニコチン		亜ヒ酸（ヒ素）
カフェイン	10^{-1}	青酸カリ
	1	DDT

＊ 実験動物（ラットやマウス）に与えたときに半数の動物が死亡する量

公害防止と環境保全

　日本は戦後、1950年代後半に高度成長期に突入したが、その反面、全国各地で公害問題が深刻化した。その後、公害対策や環境対策の法整備が急ピッチで進められたが、依然として公害問題は存在する。本章では今日までどのような公害が発生したかをみていくとともに、近年提唱されている「循環型社会」形成につながる、1970年前後から整備された公害・環境関係法規の概要について述べる。

8・1　日本の公害

　公害は、環境基本法により、「環境の保全上の支障のうち、事業活動その他の人の活動に伴って生ずる相当範囲にわたる (1) 大気の汚染、(2) 水質の汚濁、(3) 土壌の汚染、(4) 騒音、(5) 振動、(6) 地盤の沈下及び (7) 悪臭によって、人の健康又は生活環境に係る被害が生ずること」と定義されている。この (1) から (7) までの7種類は**典型7公害**と呼ばれている。

　わが国ではすでに江戸時代から、銅や鉛を原因とする鉱害が多発し、住民の健康被害や田畑の被害が多数発生していた。「日本の公害の原点」といわれる栃木県の足尾銅山を発生源とする**足尾銅山鉱毒事件**が明治時代に起こり、田中正造を指導者とする被害農民が強力な公害反対運動を展開した。この時期には別子銅山や日立銅山でも煙害が問題化した。足尾銅山周辺の山は、長年にわたる精錬所からの亜硫酸ガスによって、広範囲がはげ山となった。1973年に同山が閉山の後も植生は回復していないが、一部は地元民の植林によって最近、緑が回復しつつある。

　しかし、第二次世界大戦後、とくに公害が深刻化したのは、1950年代後半以降の高度成長期である。コンビナートを中心にした急速な重化学工業化と都市化の進展などによって環境破壊が生じ、健康が損なわれる事態が多発した。熊本県水

8. 公害防止と環境保全

俣湾から不知火海沿岸で発生した**水俣病**、新潟県阿賀野川流域で発生した**新潟水俣病**、富山県神通川流域で発生した**イタイイタイ病**、三重県四日市で発生した**四日市ぜんそく**などの産業公害がその代表的な例である。このほか、田子の浦港ヘドロ公害、交通公害（空港・新幹線の騒音公害、道路公害）、都市・生活型公害（自動車排気ガス、生活排水、ごみ問題など）、薬害・食品公害（カネミ油症、森永ヒ素ミルク、サリドマイド、スモン病など）、殺虫剤 DDT などによる農薬汚染などが、1950 年から 1960 年代に多発した。

　水俣病の場合、化学工場から水俣湾に排出された廃液に有機水銀が含まれていた。これは自然界ではほとんど分解されないため、プランクトン→魚→人間という食物連鎖によって人体に生物濃縮され、中枢神経がおかされたり、先天的な障害をもつ子どもが生まれるなどの被害が生じた。

　各地で人命が失われるような深刻な被害が生じたにもかかわらず、企業や政府は積極的な対策をとらなかったため、住民運動が展開された。1960 年代には相次いで公害訴訟が起こされ、なかでも水俣病、新潟水俣病、イタイイタイ病、四日市ぜんそくの裁判は、**四大公害訴訟**（1963 年から 1973 年）と呼ばれ、被害者住民が企業を相手取って訴訟を起こし、1970 年代前半にいずれも原告（被害者）側が全面勝訴を勝ち取った（**表 8・1**）。しかし、現在でも闘病生活を強いられている人々がおり、未だいずれの公害も全面解決には至っていない。1973 年に制定された**公害健康被害補償法**の認定患者数（地方自治体認定の患者は除く）は、2017 年 12 月末時点で、合計で 33,773 人に達する。

　1960 年代後半から、大気汚染防止法や水質汚濁防止法など、公害を規制する法制度が急速に整備され、1970 年 12 月の国会において公害関連 14 法案が一挙に成立した。また、1971 年には、環境行政を一元化して行うための官庁である**環境庁**（現環境省）が設置された。

　この背景には四大公害訴訟などによる公害被害者運動の高揚があり、行政に大きな影響を与えた。日本の環境問題は、自然保護活動を出発点とするアメリカとは異なり、地域住民の生活環境を破壊し、健康に被害を及ぼした公害が社会問題化し、環境への意識を高めた点に一つの特徴がある。しかし、最近においても、光化学スモッグの再発、産業廃棄物問題、アスベスト問題、ダイオキシン問題、

8・1 日本の公害

表 8・1 四大公害訴訟の概要

公害	訴訟の原因	訴訟の経緯
新潟水俣病	工場排水中の有機水銀	1967 年 6 月提訴、1971 年 9 月原告勝訴（被告―昭和電工）
四日市ぜんそく	工場からの亜硫酸ガス	1967 年 9 月提訴、1972 年 7 月原告勝訴（被告―三菱油化など 6 社）
イタイイタイ病	鉱山からのカドミウム	1968 年 3 月提訴、1972 年 8 月原告勝訴（被告―三井金属鉱業）
水俣病	工場排水中の有機水銀	1969 年 6 月提訴、1973 年 3 月原告勝訴（被告―チッソ）

ハイテク汚染問題、薬害エイズ問題、途上国への公害輸出問題などが続発しており、公害問題は今日も依然として続いている。

以上で述べた日本の公害・環境問題の歩みを**表 8・2** に示す。近年では水俣病を教訓として水銀による健康被害や環境汚染を防ぐため、2017 年 8 月、**水銀に関する水俣条約**が発効された。水銀は、現在、照明、計測・制御器、無機薬品、電池などで使われているが、先進国での水銀の使用量は減っている。しかし、西アフリカ、東・東南アジア、アマゾン川流域などの途上国では小規模な金採掘場などで広く使われ、水銀汚染が拡大し、健康被害が危惧されている。

この条約では、水銀を含む化粧品、電池、体温計、農薬、消毒剤などの製造を 2020 年までに禁止、化学製品をつくるときに水銀を使うことも禁止としている。水銀の輸出は条約で認められた用途に限り、新しい水銀鉱山の開発を禁止して、すでにある鉱山も 15 年以内に採掘が禁止される。また、大気中に水銀を排出する石炭火力発電所やセメント製造設備などから空気中に排出される水銀を削減することなども盛り込まれている。さらに水や土壌への放出の規制・削減、途上国などへの技術支援・移転、国内法の整備についても定めている。

8. 公害防止と環境保全

表 8・2　日本の公害・環境問題の歩み

年	事　項	年	事　項
1890	足尾銅山鉱毒事件	1993	環境基本法制定（公害対策基本法は廃止）
1891	田中正造が国会で足尾鉱毒を追及	1997	環境アセスメント法制定
1922	神通側流域でイタイイタイ病発生		京都議定書締結（2005 年発効）
1956	水俣病が社会問題化	1998	家電リサイクル法制定
1961	四日市ぜんそくで患者多発	1999	ダイオキシン類対策特別措置法制定
1964	新潟水俣病患者発生	2000	循環型社会形成推進基本法制定
1967	公害対策基本法公布	2001	環境省設置
1971	環境庁発足	2006	アスベスト全面禁止
1973	公害健康被害補償法制定	2009	水俣病救済法が成立
1976	川崎市、環境アセスメント条例制定	2013	「水銀に関する水俣条約」調印

8・2　新しい公害・環境問題

(1) 公害苦情

「公害」という用語は、その内容の多くが現在では「環境」に置き換えられつつあるが、近年の地方自治体が受理した公害苦情の総件数は、1960 年から 1970 年代のころとあまり変わらない。

2018 年度の典型 7 公害の苦情件数（全国の地方公共団体の公害苦情相談窓口で受け付けたもの）は 47,656 件であった。その苦情件数の種類別の推移をみると（図 8・1）、1998 年から大気汚染の苦情が急増している。このおもな原因は、1997 年以降、ごみ焼却場のダイオキシン問題がクローズアップされたことによる。また、騒音は増加傾向にあり、2014 年度に大気汚染を抜き最多になった。大気汚染は年々やや減少傾向にある。

2018 年度、騒音が全体の 32.9％を占め、大気汚染（30.4％）、悪臭（20.0％）、水質汚濁（12.3％）、振動（41.0％）、土壌汚染（0.4％）、地盤沈下（0.1％）と続いて

8・2 新しい公害・環境問題

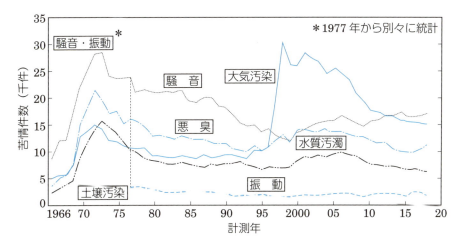

図8・1 典型7公害の苦情件数の推移（出典：公害等調整委員会資料）

いる。また、典型7公害以外の苦情は、2018年度に19,433件あったが、廃棄物の不法投棄がその44.9％を占めている。その他、動物の死骸放置、害虫などの発生、火災の危険、ふん・尿の害、土砂の流出、高度建築物等による日照不足、夜間照明などがある。

近年の公害問題の特徴は、産業公害のように原因者と被害者が明らかなものとは異なり、人が生活レベルの向上を求めた結果、発生したものが増え、従来の公害問題に比べ複雑化してきている。大気汚染や水質汚濁などの公害は、日常生活に関連するばかりでなく、地球環境問題にもつながっている。

(2) ハイテク汚染

公害対策の結果、重化学工業の生産活動による公害はかなり減ったが、IC産業など先端技術産業での**ハイテク汚染**が新しい公害として問題になっている。

IC（集積回路）などを洗浄する際に使われる、発がん性や遺伝毒性のあるトリクロロエチレンやテトラクロロエチレンなどの化学物質が半導体製造工場などから大量に排出され、地下水、大気汚染などを引き起こしたもので、全国のハイテク工業地域に広がっている。

(3) アスベストによる健康被害

アスベスト（石綿）は綿状の鉱物で、不燃性、耐熱性、防音などにすぐれているため、建築材などに広く利用されてきた。戦後約1千万tが輸入され、1970年から1990年にかけて年間約30万tも輸入・使用されていた。

しかし、1964年には、アスベストによる人体への有害性が指摘され、わが国でも1975年、1995年と部分的なアスベスト製品の使用が禁止されたが、2004年まで完全全面使用禁止措置がとられなかった。2006年、アスベストの製造は原則として禁止となったが、現存の建物の大半にアスベストが蓄積されている。2012年3月、アスベストは製造、輸入、譲渡、提供、使用が全面禁止になったが、アスベストの健康被害は、15から40年の潜伏期間を経て、肺がんや悪性中皮腫などを引き起こすとされ、中皮腫による年間の死者数は1995年調査開始時の500人から増え続け、2017年には1,555人となっている（**図8・2**）。アスベストを含む建物の解体のピークはこれからであり、被害の拡大が危惧されている。

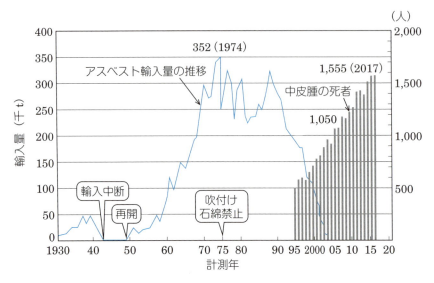

図8・2　アスベストの輸入量と中皮腫の死者数（年間）の推移
（厚生労働省のデータより作成）

column　終わらない公害"水俣病"

　水俣病は、公式確認から2019年5月1日で63年が経過し、すでに解決された公害病と思われがちである。しかし、1977年の水俣病認定の判断基準（感覚障害、運動障害、視野狭窄による）の妥当性や、水俣市以外の八代海沿岸の被害者の存在が無視されている点に問題が残っている。

　水俣病は医学的にはメチル水銀中毒といわれ、熊本県水俣市の新日本窒素肥料（現チッソ）水俣工場から、水銀が含まれた排水が不知火海一帯に流され、その汚染された魚を食べた人々が被害を受けた。体内に入った水銀は、中枢神経、とくに脳に影響を与え（脳関門をメチル水銀がなぜ通過できたかは未だに謎）、感覚や運動機能に障害が出た。1965年には新潟県の阿賀野川流域でも昭和電工鹿瀬(かのせ)工場からの排水が原因とされる水俣病が報告された。食物連鎖による有機水銀の伝播のメカニズム解明に時間がかかり、この間、原因となった工場の操業が続けられたため、40名以上の犠牲者が出た。2万人を超える人々が認定申請を出したが、水俣病と認定されたのは3,000人余り（新潟水俣病を含む）にすぎない。

　1996年、被害者1万人に対し260万円の一時金と医療費の負担を行うという政府の解決案で患者側とチッソの間での和解が成立した。また、2009年7月、水俣病の未認定患者を救済するための特別措置法が成立した。

　水俣市は、現在、「環境モデル都市」としてごみの24分別など先進的な取組みを行っている。一方、チッソは、2011年4月から被害者補償を担う親会社チッソと液晶生産などの事業を担う子会社JNCに分社化された。2019年1月31日までに熊本県の認定患者数は1,789人、鹿児島県は493人、うち存命者は約350人、平均年齢は78.3歳である。しかし、今なお多くの人が患者認定を待ち、損害賠償を求める訴訟は続いている。

8・3　環境法

(1) 環境権

　人間の尊厳と環境との関係を公式に明示したのは、「かけがえのない地球」をスローガンとした1972年6月にストックホルムで開かれた第1回国際連合人間環

境会議であった。環境に関する改憲議論は西ヨーロッパ諸国では早くから行われ、1971年にスイス、1978年にスペインでは**環境権**が憲法に明記され、ドイツでは1970年代からこれまでに、多数の州で環境への配慮義務が法に明記されている。

日本国憲法は2018年現在、改正が議論され、そのなかで環境権の導入が検討されているが、現憲法には環境保全や環境権に直接関連する規定は見当たらない。憲法の公布当時、わが国はもちろん欧米諸国においても、人間環境の保全という概念が生まれていなかったからである。憲法にあえてよりどころを求めるならば、第13条（個人の尊重と公共の福祉）および第25条（国民の生存権、国の社会保障的義務）が該当する。

環境権は、**大阪空港公害訴訟**（騒音）や伊達火力発電所訴訟（大気汚染）などにおいて主張されたが、権利の主体、対象などの内容が不明確であることから、未だ司法の場では具体的な権利として認められていない。

(2) 環境基本法

図8・3に1970年前後に制定されたおもな公害対策規制法の法体系を示す。公害対策基本法（1967年公布）は全30条からなり、国家的レベルで最初の公害規制に関する基本法として、環境基本法が制定されるまで、わが国の環境に関する憲法としての役割を果たしていた。そのおもな内容は、日本国内における前述した典型7公害の解決と未然防止を目指し、事業者、国、地方公共団体および住民の公害防止に対する責務を規定したものであった。公害対策基本法が制定されてから、従来の産業公害はしだいに沈静化していったが、一般市民が加害者でもありまた被害者でもある生活排水による水の汚染や、増え続けるごみの問題などが顕在化した。さらに、酸性雨やオゾン層の破壊、地球温暖化などの地球規模の環境問題が重要な課題となってきて、従来の法令にもとづく取組みだけでは、対応しきれないことが明らかになってきた。そこで、公害対策基本法と自然環境保全法をベースに1993年、**環境基本法**が公布・施行された。

この法律は、環境保全の三つの基本概念「環境の恵沢の享受と継承権」「環境への負荷の少ない持続的発展が可能な社会の構築」「国際的協調による地球環境保全の積極的推進」を定めている。その第1条（目的）に、「この法律は、環境の保全

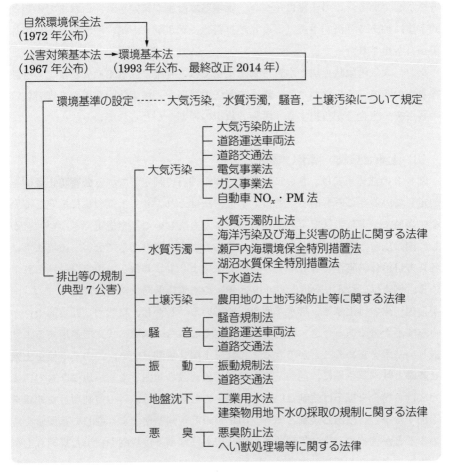

図 8・3　おもな公害・環境対策規制法の体系

について、基本理念を定め、並びに国、地方公共団体、事業者及び国民の責務を明らかにするとともに、環境の保全に関する施策の基本となる事項を定めることにより、環境の保全に関する施策を総合的かつ計画的に推進し、もって現在および将来の国民の健康で文化的な生活の確保に寄与するとともに人類の福祉に貢献することを目的とする」とある。

　同法は、国内ばかりではなく、国際面にわたる具体的な環境保全の施策のあり

8. 公害防止と環境保全

方を示している。この法律に基づき、**環境基本計画**が策定され、これまでの規制的手法に加えて経済的手法（ごみ処理有料化、デポジット制、環境税など）の採用が打ち出された。

なお、大気汚染防止法や水質汚濁防止法では、企業に故意や過失がなくても被害者への賠償責任を負わせる、**無過失責任の原則**や、汚染防除費用や被害者救済の費用を発生企業が負担する「汚染者負担の原則」がとられている。

(3) 上乗せ規制・横出し規制

図8·3の法体系には、さらに地方自治体が独自に制定している**公害防止条例**を制定しているところもある。通常、下位の法はそれよりも上位の法に規定していない事柄や、上位の法で定めている事柄よりも厳しいことを規定できない。しかし、国の法令と同じ目的かつ同じ対象である場合、例外として公害・環境法では各地方自治体の実情に合わせて、条例で法律よりもより厳しい規定が設けられている。例えば、大気汚染防止法（1968年）や水質汚濁防止法（1970年）では、国が全国一律の排出基準、排水基準を定めている。しかし、自然的・社会的条件からみて不十分であるとき、都道府県は条例でこれらの基準に代えて適用するより厳しい基準を定めることができる。これを**上乗せ規制**といい、この基準値を**上乗せ基準**と呼ぶ。さらに、国が定めた規制対象施設の範囲をより小規模なものにまで広げる場合を**裾下げ規制**といい、国が定めた規制項目以外の規制項目や地域を追加する場合、**横出し規制**という。国が定めた規制基準値より厳しい基準値を定めることが狭義の上乗せ規制であるが、広義には裾下げ規制や横出し規制も上乗せ規制に含められることが多い。

地方自治体の場合、企業との間で公害防止協定を結んでいるところもある。また、国や地方自治体では、汚染物質ごとに基準を設定し、濃度規制だけではなく、**総量規制**も行っている。

8·4 環境アセスメント制度

環境アセスメント（**環境影響評価**）は、施策や事業が自然環境にどのような影

響を及ぼすかを事前に予測・評価することであり、1969年にアメリカで最初に法制化された。日本では1970年代後半から、国に先駆けて地方自治体が環境アセスメント条例を制定し、各種開発事業のアセスメントを実施していた。その後、環境基本法の制定を契機に、1997年に**環境影響評価法（環境アセスメント法）** が制定され、国が行う公共事業なども環境アセスメントの対象となった。1969年、アメリカで初の環境アセスメント制度が誕生したが、日本では評価のコストや開発事業の遅れを心配する産業界や関係官庁の反対が根強かったため、法制化が遅れた。

環境アセスメント法では、対象となる事業は、道路、ダム、鉄道、空港、発電所などの13種類の事業である。規模が大きく環境に大きな影響を及ぼすおそれがあり、アセスメントが必須の第1種事業と、それに準じる規模や事業内容から環境アセスメントが必要であると判定される第2種事業に区分される。この環境アセスメントの対象事業を選定するプロセスを「スクリーニング」という。つまり、「第1種事業」の全てと、「第2種事業」のうち手続を行うべきと判断されたものとが、環境アセスメントの手続を行うことになる。また、規模が大きい港湾計画も環境アセスメントの対象となっている。

さらに環境アセスメントを実施する場合、地域の環境特性を考慮して、調査項目を絞り込む「スコーピング」と呼ばれるプロセスがある。このプロセスでは、代替案の範囲、評価項目、調査・予測・評価手法などを、住民や専門家など外部の意見を聞き絞り込んでいく作業が行われる。

近年、公共事業の質が問われており、環境への配慮が最重要課題の一つになっているため、環境アセスメントの重要性が増している。諫早湾干拓事業の環境アセスメントでは、「干拓事業の影響は一部にとどまる」とされたが、実際には1997年4月に潮受け堤防が閉ざされて以来、有明海のほぼ全域で異変が生じた。2008年6月、佐賀地裁が排水門の5年間開放を命じたが、農水省は控訴し、その後、開門と閉門をめぐる係争が現在も続いている。このように環境アセスメントが必ずしも適正に機能していない場合もみられる。すなわち、本法によって行われる環境アセスメントは、事業実施間際におけるものであり、事業の大幅な見直しが困難なケースも出ている（図5・11参照）。

8. 公害防止と環境保全

そこで、政策段階や計画段階から、複数の代替案を出して、環境に与える負荷がより小さい最適案を選択できる**戦略的環境アセスメント**が求められてきた。EUでは、各国で2004年から戦略的環境アセスメントの導入が進み、日本でも戦略的

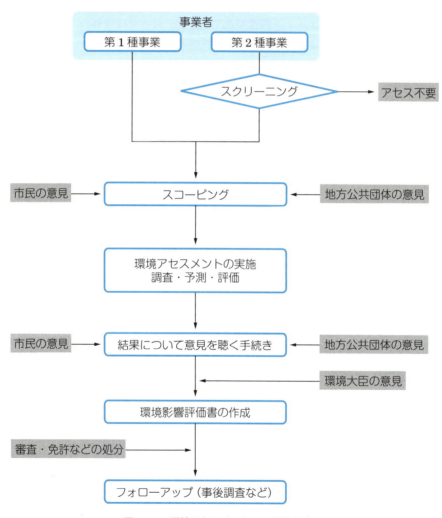

図8・4　環境アセスメントの一般的な流れ

アセスメントが制度化されている地方自治体がある。国レベルでも 2011 年の環境アセスメント法改正によって、複数案の比較が可能となった。しかし、近年のリニア中央新幹線のアセスメントの状況をみても十分な検討が行われているとはいえず、日本のアセスメント制度は形式的であるとの指摘もある（**図 8・4**）。

また、長期に渡って計画の進行が停滞している事業について、事業の合理性、事業期間の期限的有効性の観点から見直す、**時のアセス**という手法もあり、非効率な公共事業投資を牽制する実際的な手段として期待されている。1997 年、北海道が「時のアセス」という名で公共事業の見直しを始めたことから全国に広がった。諫早湾干拓事業では、2001 年に「時のアセス」が実施され、干拓農地が 1/2 に縮小された。

一方、産業廃棄物の処理施設やごみ焼却によって発生するダイオキシン類を規制するため、**ダイオキシン類対策特別措置法**が 1999 年に制定された。2000 年に循環型社会形成推進基本法が制定され、これに基づき家電リサイクル法などの個別のリサイクル法案が次々に制定・改正されている。また、最近では、地球温暖化などの地球環境問題に対する取組みが重要になっている。

ポイント

- 近年の公害問題の特徴は、産業公害のように原因者と被害者が明らかなものとは異なり、人が生活レベルの向上を求めた結果によって発生したものが増え、従来の公害問題に比べ複雑化してきている。
- 現代の公害には、ハイテク汚染やアスベストによる健康被害等がある。アスベストの全面禁止は 2012 年 3 月であり、潜伏期間が 30 〜 40 年のため、健康被害は拡大中である。
- 水銀汚染が途上国で拡大しているため、世界規模で水銀の使用や輸出入を規制する水俣条約が 2017 年 8 月に発効した。
- 環境権は、未だ大阪空港公害訴訟（騒音）などにおいて具体的な権利として認められていないが、憲法改正議論のなかで導入が検討されている。
- 環境基本法に基づき、公害・環境対策規制法が整備されており、地方自治体で

8. 公害防止と環境保全

は上乗せ規制や横出し規制によって法律よりも厳しい規制を行っているところもある。

開発が自然環境に及ぼす影響について事前に評価する環境アセスメントが1997年に立法化され、1999年から大規模開発事業の際に実施することが義務付けられた。

演習問題

8・1　公害病の認定患者の全国での分布状況と経年変化を調べてみよ。

8・2　「水俣病」の被害者、チッソ、水俣市の現在の状況を調べてみよ。

8・3　四日市市は、1995年にUNEP（国連環境計画）から環境保護に功績があった個人や団体に贈られる「グローバル500賞」を受賞した。現在の四日市の状況を調べてみよ。

8・4　1960年代、静岡県の三島、沼津、清水の2市1町では、石油コンビナートの誘致反対運動が起こり、阻止できた。その理由を調べてみよ。

8・5　公害を規制するための方法の一つとして、濃度規制と総量規制の二通りの方法がある。大気汚染防止法や水質汚濁防止法において、どのようにこの方法を採用しているか調べてみよ。

8・6　地方自治体における環境アセスメントの実施例について取り上げ、その効果と課題などについて論じてみよ。

8・7　公害は市場を通さないで（対価を支払わないで）多くの人々に不利益を与える外部不経済の一例であり、市場がうまく機能しない「市場の失敗」の典型的な例であるとされる。その理由と公害・環境行政において、公害を規制するためにこれまでどのような対策がとられてきたかまとめてみよ。

8・8　1970年ごろから最近までのアスベスト（石綿）のわが国での使用規制の動きについてまとめてみよ。

9 大気汚染と都市の環境問題

世界保健機関（WHO）は2018年5月、微小粒子状物質「$PM_{2.5}$」などによる大気汚染が世界的に拡大し続けており、肺がんや呼吸器疾患などにより年間700万人が死亡しているとみられると発表した。世界人口の90％が汚染された大気の下で暮らし、健康被害のリスクがあると指摘している。日本の都市が、現状抱えている環境問題は、ほかにヒートアイランド現象や光化学スモッグなどもある。

9・1 環境基準の達成状況

大気汚染は、産業や交通などの人の活動によって排出される物質が地域やあるいは国境を越える広範囲で大気を汚染するものである。大気汚染物質には、石油や石炭、天然ガスなどの化石燃料の燃焼にともなって生じる**硫黄酸化物**（SO_x）、**窒素酸化物**（NO_x）、**浮遊粒子状物質**（**SPM**：Suspended Particle Matter）や産業活動で使用され大気中に放出されるベンゼンやトルエンなどの揮発性有機化合物などがある。

工場排煙や自動車排ガスが引き起こした健康被害をめぐる**大気汚染訴訟**は、西淀川、尼崎、川崎、名古屋南部公害訴訟などがある。これら四つの訴訟は、いずれも1970年代から1980年代にかけて第一次提訴が行われた。企業側が解決金を支払い、国が汚染物質削減などの環境対策に取り組むことなどを条件に2001年までに全て和解が成立した。この種の訴訟の端緒となった四日市ぜん息訴訟のような大気汚染物質の排出源が特定の工場群に限定されているタイプの公害問題から、大小の工場、自動車、ビルなど多種多様な発生源による都市複合型汚染へと訴訟の対象となる問題のタイプが変遷してきている。大気汚染物質も、工場排煙中の SO_x から工場と自動車排ガス中の NO_x、自動車排ガス中のSPMまで、判決

9. 大気汚染と都市の環境問題

で健康被害への影響が認められるようになった。

一方、1996年に提訴された**東京大気汚染訴訟**では、はじめて自動車メーカーを被告に加えて責任が追及された。2007年8月に和解が成立したが、その内容には、(1) 国、都、首都高、メーカーの資金拠出による医療費助成制度の都による創設、(2) 国、都、首都高による道路環境対策の実施、(3) メーカーから原告への解決一時金計12億円の支払い、(4) 和解条項の円滑な実施に向けた連絡会設置、が盛りこまれた。東京高裁は和解勧告で「工場に隣接した住民が原告となり、多くで因果関係が認められた他地域の訴訟と、原告が広範囲にわたる今回の訴訟は同列に論じられない」と指摘した。

近年、工場や事業場など大気汚染の**固定発生源**に対する対策が進んだことによって、**移動発生源**の自動車排気ガスの影響が目立つようになった。私たちの健康に大きな影響を与える大気汚染物質については環境基本法に基づき**環境基準**が設けられている。環境基準とは、人の健康を保護し、生活環境を保全する上で、維持されることが望ましい施策上の基準である。

環境基準の達成状況をみるために、国や各都道府県などは一般環境大気測定局（一般局）と自動車排気ガス測定局（自排局）を設置し、大気汚染の状況を24時間連続で測定・監視している。これら大気汚染物質は、工場や事業所などの固定発生源については、前章でみたような公害対策が進められ、自動車排気ガスの規制などを法律で定めたり、低公害車の普及もあり、環境基準の達成率は年々緩やかな改善傾向が認められている。

図9・1には、二酸化窒素（NO_2）とSPMの一般局と自排局における環境基準達成率を示すが、近年ではいずれも、達成率はほぼ100％になっている。SPMは2011年の達成率が急減しているが、黄砂の影響を受けた観測局があったとみられている。

二酸化硫黄（SO_2）と一酸化炭素（CO）は、近年は一般局、自排局ともに環境基準達成率は100％である。環境基準が設定されている4種の有害大気汚染物質（ベンゼン、トリクロロエチレン、テトラクロロエチレン、ジクロロメタン）については、2016年度、ベンゼンの1測定局を除き、環境基準の達成率は100％になっている。また、光化学オキシダントの原因物質の一つである非メタン系炭化水素

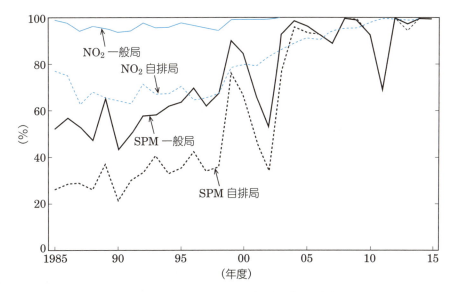

図 9・1　NO_2 と SPM の環境基準達成率の経年変化
（環境省「大気汚染状況」による）

には環境基準がないが、一般局、自排局ともに低下傾向がみられる。

　一方、光化学オキシダントは 2016 年度、環境基準の達成率は、一般局 0.1%、自排局 0% ときわめて低い状況にあり、基準の設定以来、約 45 年間ほとんどクリアできていない。

　大気汚染に係る問題のうち、酸性雨はすでに第 2 章の地球環境問題（第 2 章 3 節）で述べた。次節以降では、微小粒子状物質（$PM_{2.5}$）と光化学スモッグについて取り上げる。

9・2　微小粒子状物質

(1) $PM_{2.5}$

　物の燃焼や破砕、研磨などによってばいじんや粉じんなどの粒子状物質が発生する。また、ガス状大気汚染物質（SO_x、NO_x など）が化学反応し、蒸気圧の低い物質になって粒子化する場合もある。さらには、土壌、海洋、火山など自然起

源のものなどがある。このような粒子状物質のうち、粒径が $10\mu m$ 以下の粒子は沈降速度が小さく大気中に長時間滞留するため、とくに浮遊粒子状物質（SPM）と呼ばれている。最近、粒径がさらに小さい **PM$_{2.5}$** と呼ばれる**微小粒子状物質**

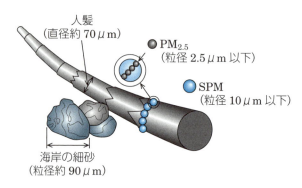

図9・2　PM$_{2.5}$ の大きさ（アメリカ EPA より作成）

図9・3　PM$_{2.5}$ の環境基準達成状況の推移（一般局）
（平成30年版環境白書より抜粋）

は、大気汚染が深刻な中国から越境飛来して日本の大気にも影響を与えているとされ、注目を集めている。PM$_{2.5}$とは2.5 μm（1mmの千分の2.5）以下の小さな粒子で、非常に小さいため、肺の奥まで入りやすく、呼吸系・循環器への影響が心配されている（**図9・2**）。

　PM$_{2.5}$の環境基準は、1年平均値15 μg/m^3 以下かつ1日平均値35 μg/m^3 以下（2009年9月設定）と決められ、現在、大気汚染防止法に基づき、地方自治体によって全国700か所以上でPM$_{2.5}$の常時監視が実施されている。2010年度から2016年度までの一般局における環境基準達成状況を**図9・3**に示す。2010年度以降、環境基準達成率は増加し、2016年には88.7％になっている。一方、自排局223か所では、2016年度の環境基準達成率は88.3％であった。また、PM$_{2.5}$の年平均値は、一般局11.9 μg/m^3、自排局12.6 μg/m^3 と環境基準以下になっている。

(2) 大気汚染対策

　固定発生源については、大気汚染防止法などで、ばい煙などの排出規制が行われている。SO$_x$対策とNO$_x$対策には、酸性雨のところで述べた方策（第2章3節）がある。

　移動発生源に対しては、燃料中の硫黄分はきわめて少ないため、NO$_x$の対策が重要になる。ガソリンエンジンでは、排気ガスの一部を混合気に混ぜて酸素濃度を下げたり、点火時期を遅らせるなどの燃焼方法の改善によりNO$_x$を減少させることができる。また、白金-パラジウム-ロジウム系の触媒を使って、排気ガス中の一酸化炭素（CO）、炭化水素（C$_n$H$_m$）、NO$_x$をそれぞれ無害なCO$_2$、H$_2$O、N$_2$に変えて減らすことができる。ディーゼルエンジンでは、コモンレールシステム（蓄圧装置）による燃焼改善や触媒、フィルターなどの排ガス浄化装置（DPF）によって、ガソリン車と同等のクリーンさを達成できるようになっている。

　ガソリンや軽油の代替燃料として、天然ガス、バイオエタノール、バイオディーゼル、液化石油ガス（LPG）、水素などを利用することで、排気ガスのクリーン化が可能である。さらに、ガソリンエンジン（ディーゼルエンジン）とモーターを合わせたハイブリッドカー、走行中に排出ガスをほとんど出さない電気自動車と燃料電池車の活用が考えられている。

9・3 光化学スモッグ

　日本ではじめての「光化学スモッグ」による被害が発生したのは1970年7月のことであり、1970年代から1980年代に頻発していた。その後、公害対策による大気汚染の改善によって減少したが、30年余り経過し、人々の関心も薄れていたところ、光化学スモッグによる被害が再び現れてきた。**図9・4**に示すように1998年ごろから2009年にかけて被害が増え、被害者が1,000人を超える年も出たが、2010年以降は被害者数が少なくなっている。

　光化学スモッグが発生するメカニズムは、工場や自動車などから化石燃料の燃焼によって大気中に放出されたNO_xと、C_nH_mが太陽の光によって光化学反応を起こし、そこで生成される**光化学オキシダント**によるものである（**図9・5**）。その90％以上を占める主成分はオゾン（O_3）である。光化学オキシダントが生成する一般的な条件としては、25℃以上の気温、4時間以上の日照のほか、風が弱いという条件があげられている。したがって、光化学スモッグの発生は、夏場に限ら

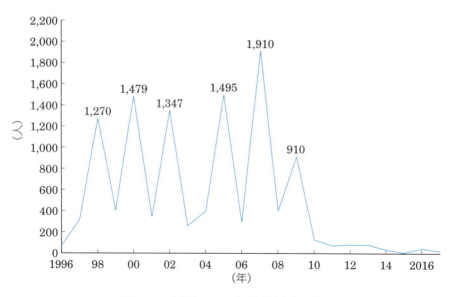

図9・4　光化学スモッグの健康被害者の推移
（平成30年版環境白書・循環型社会白書・生物多様性白書のデータより作成）

9・3 光化学スモッグ

れている。

　人体への影響については、目がチカチカして痛んだり、のどの痛みやせき、皮膚が赤く炎症を起こすなどの症状が現れる。重症になると、不整脈の増加や心拍数の低下が起こり、さらには、喘息や花粉症のようなアレルギー症状が悪化することが報告されてきている。

　1998年以降に光化学スモッグによる被害者が急増したが、原因物質であるNO_xはほぼ横ばい、炭化水素は減少してきている。しかし、最近の都市部におけるオゾンの濃度はこの10年で約1.5倍になってきている。このオゾン濃度の増加の原因として、日本上空のオゾン層の減少による紫外線量の増加や、ヒートアイランド現象（第9章5節参照）による地上付近のオゾン生成反応の促進が被害者数が増加した仮説として考えられている。東京の平均気温はこの20年で1.2℃上昇している。また、都市部だけでなく、大気汚染物質の排出がほとんどない離島や、農村地域でも光化学オキシダント濃度が上昇していることから、大陸で発生したオゾンが飛来する越境汚染に原因があるという見方もある。

　温暖化問題に対する国際機関IPCCは、2001年の報告書のなかで、温暖化の新たな原因物質としてオゾンをCO_2に次ぐ第二の原因物質になる可能性があると

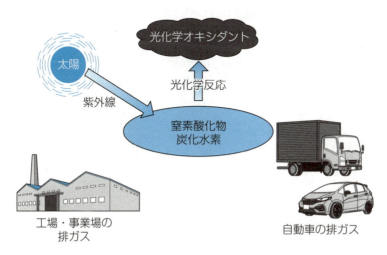

図9・5　光化学スモッグの生成メカニズム

9. 大気汚染と都市の環境問題

指摘している。そして21世紀に増え続ける地上付近のオゾンが温暖化に深刻な影響をもたらすと警告している。

9・4 ヒートアイランド

ヒートアイランド（＝熱の島）とは、大都市の気温が周辺部に比べて上昇し、気候の変化やエネルギー消費の増大、健康被害などをまねく現象のことで、「熱汚染」ともいわれる。気温の分布図を描くと、高温域が都市を中心に島のような形状に分布することから、このように呼ばれるようになった（図9・6）。

東京都の中心部の上昇温度は、地球の平均気温が100年間で約0.7℃上昇しているのに対して、3℃/100年の割合で上昇している。この原因は大きく分けて次のようなものが考えられている。

① 建物や舗装道路などによる地表面被覆の増加
② 排煙、自動車、空調システムなどによる人工排熱の増加
③ 緑地帯の減少

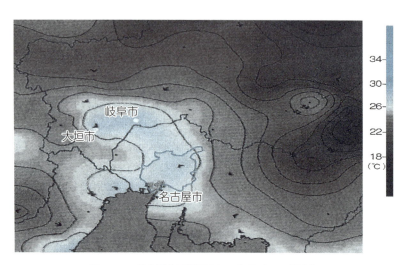

図9・6　名古屋市周辺でのヒートアイランド現象
（1997〜1999年6〜9月、22時の夏日の気温分布）

9・4 ヒートアイランド

とくに夜間は、昼間に蓄熱した舗装道路やビルの壁面からの放熱により、熱帯夜となる。夏場、冷房需要が増えると、屋外の気温は一段と上昇するが、電力需要の増大にともない、CO_2排出量がさらに増し、温暖化が一層進むという悪循環を引き起こす。

ヒートアイランドの影響として、夏季は、**図9・7**のように地上の高温域の出現が、局地的積乱雲の発生による1時間に100 mm近い大雨を短時間に降らせ、浸水、洪水をもたらす集中豪雨の発生がまずあげられる。一方、冬季は、晴れた風の弱い夜には放射冷却が起こり、上空よりも地面近くの温度が低い層（逆転層）が形成されるが、都市では逆転層の下に暖かい空気がたまり、上空にふたをされたような状態になる。その結果、大気がよどみやすくなり、汚染物質が滞留する。このような現象を**ダストドーム**といい、大気汚染を助長する。その他、真夏日や熱帯夜の増加に伴い、熱中症の発生が増えるおそれもある。冷房需要がますます増え、結果として人工排熱が増え、さらに気温の上昇を招いたり、生態系

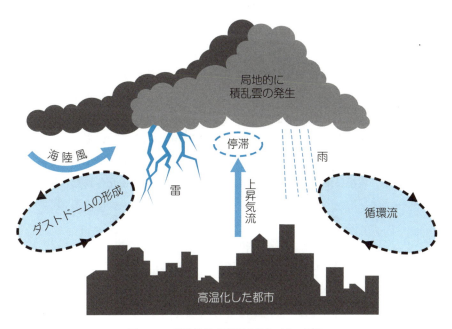

図9・7　局地的集中豪雨の発生メカニズム

への影響として、都市の気候が亜熱帯化し、病原体を媒介する微生物の北上などが予想される。

気象庁の資料によると、東京は1月の平均気温が50年間で2.6℃上昇している。これはヒートアイランド現象による影響が大きいと考えられている。また、中小都市でも臨海部、内陸部を問わず確実に気温は上がっている（**表9・1**）。2018年7月、埼玉県熊谷市で記録された41.1℃の最高気温は、フェーン現象のほか、東京のヒートアイランド現象が影響していると考えられている。内陸部に向かう海風が、高温になった都心部を吹き抜ける際に暖められ、熊谷の気温を押し上げていると考えられている。

ヒートアイランドに対する対策としては、エネルギーの消費や自動車の利用を抑制することが重要であるが、緑地を増やすことによる気温低下も効果的である。建物については、壁面や屋上を緑化したり、排熱の地下排出などが試されている。都市計画では、東京の場合には、風の通り道を確保することが重要であり、東京湾などからの海風や川沿いの風を生かした都市づくりも有効であると考えられている。

近年、東京都や東京都各区では、「打ち水」「屋上緑化」「壁面緑化」や太陽光を反射しやすい建物塗装で地上に熱がこもらないようにする対策に取り組み始めた。また、霧吹き冷却（ドライミスト：直径0.016 mm程度の微細な霧を3 mの高さから噴射し、気化熱で気温を2℃から3℃下げる）により局所的に温度を下げる取組みも駅のホーム、商店街、工場などで利用が広がっている。

韓国・ソウルの清渓川（チョンゲチョン）は、高架道路の下の暗渠であったが、2005年、環境に配慮した人工河川として半世紀ぶりに復元された。復元前の

表9・1　1931年〜2000年までの平均気温上昇

	平均気温上昇		
	年	1月	8月
大都市	＋2.5	＋3.2	＋1.8
中小都市	＋1.0	＋1.5	＋1.1

（出典：気象庁資料より）

高架道路地区は、ソウルの平均気温より5℃以上高い熱源であったが、風の遮蔽物だった高架道路がなくなり、川に沿った風の道ができたことが実証された。さらに川の表面温度が道路より約10℃低くなることが確認され、アスファルトに覆われていた部分が、川の水の上を流れる風や水により気温が大幅に低下して、ヒートアイランド現象を大幅に緩和する効果も認められた。

ポイント

- さまざまな大気汚染物質のうち、人の健康に大きな影響を与える大気汚染物質については、環境基準が定められている。
- 大気汚染物質に係る環境基準達成状況は、ほとんどの物質についてほぼ100％の達成率であるが、光化学オキシダントについては、きわめて低い達成状況にある。
- 越境汚染が危惧されている$PM_{2.5}$の環境基準達成率は2016年度において約88％で、年平均値も基準値以下であるが、基準値に近い注意が必要な濃度レベルにある。
- 2000年ごろから光化学スモッグによる健康被害が再発した理由は、紫外線量の増加、ヒートアイランドによる地表付近の高温化、大陸からのオゾンの飛来などによると推測されている。
- ヒートアイランド現象を緩和するためには、排出エネルギーを減らすことが重要であるが、緑化や水辺の活用、風の通り道を確保したビル建設なども有効である。

演習問題

9・1 自分の住んでいる地域の大気汚染の状況を次のシステムで調べてみよ。
→ 環境省大気汚染物質広域監視システム（http://soramame.taiki.go.jp/）

9・2 $PM_{2.5}$濃度は季節による変動があり、また地域によっても差があることを調べてみよ。

9. 大気汚染と都市の環境問題

9・3 近年、PM$_{2.5}$ などによる大気汚染が深刻な中国・北京やインド・ニューデリーなどのほか、ロンドン、パリ、マドリード、ブダペストなどのヨーロッパにおいても大気汚染が深刻になってきている。その原因を調べてみよ。

9・4 オゾンの化学的な性質（活性酸素として）を調べてみよ。

---

column
PM$_{2.5}$ と健康影響に関する研究の事例

　PM$_{2.5}$ など微小粒子状物質の健康影響が、大気汚染分野での新しい課題となっている。よく知られているものに、Harvard Six Cities Study がある。これは、1974年からアメリカ東部6都市（ウィスコンシン州ポーテジ、カンザス州トペカ、マサチューセッツ州ウォータータウン、ミズーリ州セントルイス、テネシー州ハリマン、オハイオ州スチューベンビル）において開始された成人および小学校生徒を観察集団とする呼吸器症状と肺機能に関する調査である。1979年から8年間にわたり各都市において毎日あるいは隔日に大気中の PM$_{10}$ と PM$_{2.5}$ 濃度、およびこれらにおける硫酸塩と水素イオン濃度を測定し、それらと毎日の住民死亡者数との相関のなかで最も強い相関は PM$_{2.5}$ の間にみられることを示した。このような疫学研究によって、アメリカでは1997年に従来からの PM$_{10}$ の基準値に PM$_{2.5}$ の基準値を加えるという形で粒子状物質の環境基準を改正している。

10 循環型社会の構築

　「大量生産・大量消費・大量廃棄」型の経済社会から、ごみやエネルギーをむだにしない「循環型社会」を構築するための社会経済システムづくりが進んでいる。2000年ごろから各種のリサイクル法が整備され、廃棄物の減量化への意識が高まり、廃棄物は少しずつ減少してきた。日本の廃棄物処理の現状と問題点や新しい廃棄物処理の試みなどについて考えてみましょう。

10・1　1年間の物質フロー

　今日の大量生産・大量消費・大量廃棄の社会経済システムは、生産、流通、消費、廃棄などの各段階において、資源・エネルギーの採取、不用品の排出などの形で自然環境にその修復機能を超えた負荷を与えている。

　わが国の2015年度の経済活動における物質フローは、**図10・1** のようになっている。自然界から採取された資源量13.59億tを含め、16.09億tの総物質投入量があり、その約31％の4.97億tが蓄積純増（建物や会社インフラなどの形で新たに蓄積）である。また1.84億tが製品等の形で輸出され、5.24億tがエネルギー消費と工業プロセスで排出され、5.64億tの廃棄物等が発生している。蓄積純増分は、耐用年数が過ぎればそのほとんどが廃棄物になり、この分を再び資源として利用するフローの確立が課題である。

　したがって、循環利用（再使用・再生利用）されるのは、2.51億tと総物質投入量の15.6％にすぎない。この循環利用率は、2000年度の9.97％より大幅に増加しているが、2010年以降横ばい状態となっていて、第三次循環基本計画の2020年度の目標である17％には届いていない。しかし、ごみとして最終処分される量は2000年度の5,600万tから2015年度は1,400万tに大きく減少し、2020年度目

10. 循環型社会の構築

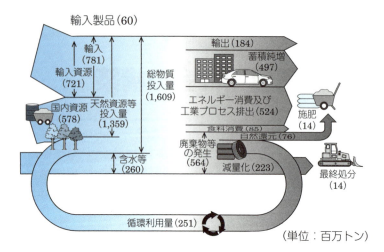

図 10・1　2015 年度の物質フロー
(出典：平成 30 年版環境白書・循環型社会白書・生物多様性白書)

標 (1,700 万 t) をすでに下回っている。また、資源として使用されたもののほかに、建設工事にともない採掘された土や、鉱物採取の際の捨石・不用鉱物、耕作地などから浸食された土壌、また、輸入資源の生産に際し発生する捨石・不用鉱物、浸食された土壌、間接伐採された木材などの"隠れたフロー"がある。日本では資源採取量 (国内＋国外) の 2 倍程度の隠れたフローが生じていると推計されている。

したがって、日本経済は国外での"隠れたフロー"に大きく依存してなりたっていることになる。このほかに年間生活用・工業・農業用水あわせて約 890 億 t の水を利用しているが、さらに年間約 800 億 t の水をバーチャルウォーターとして世界中から間接的に輸入している。建物や社会インフラなどの形での物質貯留量は増加の一途を辿っており、まだ、定常状態には達していないため、流入量と比較して放出量は少ない。しかし、それでも廃棄物の始末に困り、不法投棄があとをたたず、さらにごみの海外輸出などさまざまな社会問題を引き起こしている。

図 10・2 は 2013 年における OECD 加盟 34 か国の一般廃棄物処理のデータである。リサイクル率の算出には国によって違いがあるが、ドイツはリサイクル率

10・2 日本の廃棄物処理の現状

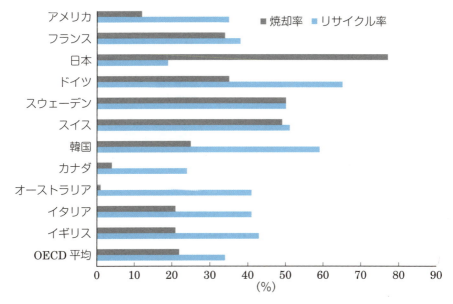

図 10・2　日本とおもな OECD 加盟国のリサイクル率と焼却率（2013 年）
（「Environment at a Glance 2015 OECD INDICATORS」より作成）

65％と最も高く、OECD 加盟国の平均 34％に対し、日本はわずか 19％と 34 か国のなかでワースト 6 位である。

また、同図には OECD のおもな国との一般廃棄物の焼却率（2013 年）の比較も示してある。EU 諸国ではリサイクル率が高く、焼却率は 40％以下（ドイツ 35％、フランス 31％、イギリス 21％など）である。ごみの分別や容器包装リサイクル法の施行などによって、リサイクル率は年々増加しているが、日本の焼却率はほかの国に比べて突出して高いことがわかる。

10・2　日本の廃棄物処理の現状

ごみは「廃棄物の処理及び清掃に関する法律」により、**図 10・3** に示すように**一般廃棄物**と廃棄物処理法で規定された 20 種類の**産業廃棄物**に分けられる。一般廃棄物は、ごみとし尿に分けられ、オフィスや商店などの事業系のごみは一般

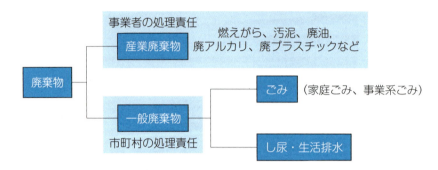

図 10・3　廃棄物の区分

廃棄物に分類される。家庭からのごみは一般廃棄物の約 70% を占めている。一般廃棄物の収集・運搬は、おもに市町村の責任で行われ、産業廃棄物の処理は、事業者自身で行う必要がある。

一般廃棄物の排出量は、**図 10・4** に示すように 1963 年に 1,315 万 t だったが、人口の増加と生活レベルの向上によって、2000 年に 5,209 万 t と、約 4 倍になった。2000 年から 2010 年にかけて、分別回収の普及や各種リサイクル法の施行などによって、一般廃棄物量の減量化が大きく進んだが、2010 年ごろから排出量はほぼ横ばいから、緩やかに減少気味になっている。2016 年における一般廃棄物の総排出量は 4,317 万 t であり、一人 1 日あたりのごみの排出量は 925g である。OECD 加盟国では一人 1 日あたりのごみの排出量は 800〜2,050 g（2013 年）であり、日本はそのなかでは平均（1,400 g）よりかなり低い水準にある。

家庭ごみを減らすためには、「ごみ処理の有料化」といった経済的手法の活用が有効と考えられている。有料化の利点は、ごみの排出が処理コストを発生させること、そのコストと負担がごみ量によって変わることを住民に伝達し、ごみ減量へのインセンティブを促すことができる点にある。2018 年時点で、国内の自治体の 60% 程度が家庭系ごみの有料化を行っているとされ、具体的には有料の指定ごみ袋を指定し、また粗大ごみについては別に料金を徴収する方法が一般的である。また、商店でのレジ袋（年間およそ 300 億枚、30 万 t の消費）の有料化や、買い物袋を持参してもらうマイバッグ運動を展開している商店・自治体なども増えてきている。

10・2 日本の廃棄物処理の現状

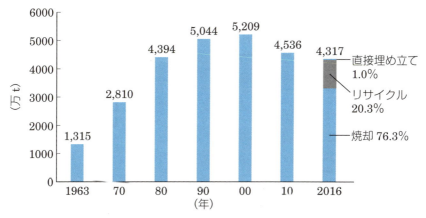

図 10・4 一般廃棄物の排出量の推移
（経済産業省 Web サイト統計資料（一般廃棄物）より作成）

　ごみ処理の有料化については、ごみ排出量の減量化に有効な手段であると評価する見方が一般的である。しかし、ごみとして出されていた紙類やペットボトルなどがリサイクルにまわされ、有料化直後には減量化効果が認められるものの、その後は経済的な負担に慣れ、次第にごみの排出量が元に戻り（リバウンド現象）、持続的な効果が期待できないという見方もある。東京都青梅市は 1998 年 10 月より、ごみ収集の有料化後、一時減ったごみの量（1998 年度 866 g/人・日、1999 年度 774 g/人・日）が、また増加してきている（2003 年度 880 g/人・日）。東京都・日野市では 2000 年 10 月のごみの有料化後に半減したごみの量が、その後少しずつ増加している。このような事例から、有料化に当たっては、実際に減量効果が得られるような料金設定と徴収方法について、有料化の目的や効果、コスト分析などを十分に検討した上で、実施することが重要である。
　一般廃棄物の内容は、ごみの収集・分別方法が各自治体により異なるが、1994 年度の京都市の調査では、重量比では生ごみが約 42％、紙類が約 30％、プラスチック 12％の順であり、容積比では紙類が約 40％、プラスチック 38％、生ごみ 10％の順になっている。プラスチック類のごみが増加し、ごみ全体の発熱量は昭和 40 年代の 2 倍になり、発熱量の急増は、焼却効率の低下や炉の寿命を縮めるなどの問題をまねくことになる。

10. 循環型社会の構築

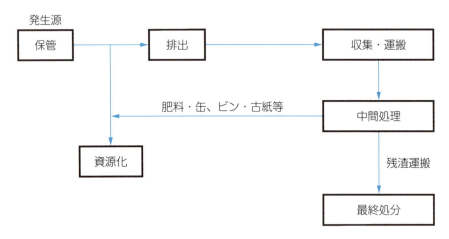

図 10・5　ごみ処理の一般的なプロセス

　ごみは、悪臭の発生源であり、ネズミやハエなどの繁殖を招き、さらに置き場の空間が必要で、人に不便さ、美観の損失や不快感を与えるため、公衆衛生の向上や生活環境の保全のため、ごみの処理が必要となる。ごみ処理のフローを図10・5に示した。中間処理とは、ごみの減量化、安定化、資源化のための焼却、破砕、選別（リサイクル）などの操作であり、最終的な処分は環境中に排出するものである。

　ごみの処理方法をみると、1965年ごろは、直接埋立てと焼却がほぼ同じ割合であったが、2016年度では全体の約76％が焼却処理されるようになった（図10・4）。焼却はごみの容積を減らし、殺菌するなどの利点があるが、ビニール、プラスチックなどの合成化学物質の焼却からダイオキシンなどの有害物質が生まれる危険性がある。わが国において、OECD諸国などに比べて焼却処理が多いいちばんの理由は、ごみを埋め立てる場所が不足しているからである。一般廃棄物の2016年度における最終処分量は、398万t（一人1日あたり85g）、最終処分場の残余年数は全国平均で20.5年である。

　産業廃棄物は、ビルの建設工事や工場で製品を生産するなどの事業活動にともなって生じた廃棄物で、その排出量の推移を図10・6に示す。近年、産業廃棄物の排出量は4億t前後で推移しており、一般廃棄物の排出量の約9倍である。

10・3　廃棄物の新しい焼却処理技術

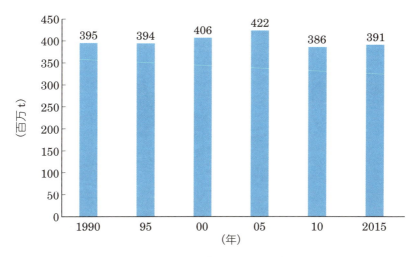

図10・6　産業廃棄物の排出量の推移
（平成30年度版環境白書・循環型社会白書・生物多様性白書のデータより作成）

2015年度の総排出量は3.91億t、そのうち53％の2.08億tが資源となって再生利用された。おもな産業廃棄物は、約45％が汚泥、次いで動物のふん尿（約20％）、建設廃材のがれき類（約15％）である。産業廃棄物のなかには、爆発性や毒性、感染性などの被害を生じるおそれのある種類があり、それらは特別管理産業廃棄物として、通常とは異なる厳しい規制の対象となっている。

産業廃棄物の2015年度における最終処分量は1,009万tであり、最終処分場の残余年数は16.6年である。また、2015年度に新たに判明した不法投棄量は、1.9万tであった。

10・3　廃棄物の新しい焼却処理技術

国内の清掃工場などの焼却炉で最も多く使われているタイプのごみ焼却炉（ストーカ炉：図10・7）は、ごみをストーカ（ごみを燃焼させる部分＝火格子）と呼ばれる炉の床に板を階段状に並べ、それを列ごとに小刻みに動かして、ごみを徐々に撹拌しながら移動させ、ごみを燃焼させる仕組みのものである。板前面の

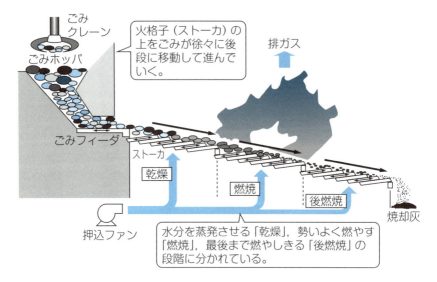

図 10・7 ストーカ（火格子）炉の仕組み

隙間から、高温に熱した空気を炉内に送り込み、ごみを燃焼させる。ごみを移動させる速度や燃焼用空気の温度や量を調節することによって、炉内の燃焼状態を安定させ、ほぼ完全にごみを灰まで燃焼させることができる。

　この従来型のごみ焼却炉の燃焼温度は 900℃ 前後である。ごみの質や量に燃焼状態が左右されるため、700℃ 程度の低い燃焼温度になることもあり、低温燃焼ではダイオキシンが発生する問題があるため、燃焼管理が重要である。

　そこで、ダイオキシン対策のため、ごみを破砕、乾燥圧縮して不燃物を除き、消石灰などの添加物を加えて固形燃料化した RDF（ごみ固形燃料：図 10・8）を発電やセメント、製鉄工場の燃料などに利用するシステム

図 10・8　RDF（直径 1～3 cm、長さ 5 cm 程度）

10・3 廃棄物の新しい焼却処理技術

が、全国の小規模な自治体で導入されてきた。通常のごみと比較して安定した燃焼が可能であるが、2003年に三重県においてRDF貯蔵タンクの大規模な爆発事故が起きるなど、全国でこの施設の火災・爆発事故などのトラブルが頻発している。また、通常の焼却に比べ経費がかさみ、RDFの販売が低調であるなど種々の問題がある。

　また、ダイオキシンを出さないようにする技術のなかでも「次世代型」と呼ばれる施設が各地で導入されている。毒性が強いダイオキシンは、ごみを低温で燃やすと発生しやすくなるため、800℃以上で焼却する必要がある。その方法の一つがドイツで生み出された**ガス化溶融炉**である。

　このガス化溶融炉は、**図10・9**に示すように、ガス化炉と溶融炉を組合せてごみ処理するシステムである。この図のようなガス化部と溶融炉部が分離している流動床式のほか、キルン式、一体となっているシャフト式の3種類がある。ここ

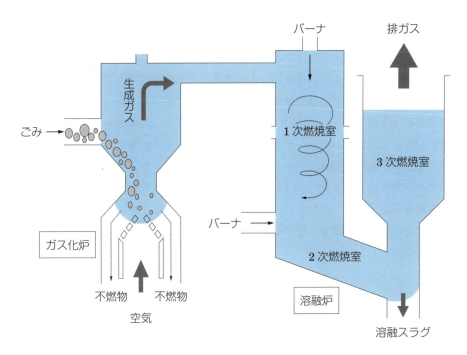

図10・9　流動床式ガス化溶融炉のプロセスの例

で流動床式についてみると、まず細かく砕いたごみをガス化炉に入れ、下からごみの完全燃焼に必要な30％程度の空気を導入し、300〜450℃で不完全燃焼させてH_2やCOなどの熱分解ガスと金属に分離し、鉄とアルミを回収する。この状態ではガス中にダイオキシンなどの有害物質が含まれているため、次に右側の溶融炉に送り、ここでガスに点火して1,300〜1,400℃以上の高温で燃焼させる。高温燃焼であるため、灰は溶解し砂状のスラグとなり（つまり飛灰が環境に放出されない）、またダイオキシンは完全分解される。

このシステムでは、灰は従来のストーカ炉の1/10程度まで減容化し、溶融スラグは、コンクリートブロックや路盤材などに再利用でき、さらに発生したガスや廃熱は、高効率発電などに利用することが可能であるといったメリットがある。しかし、ガス化溶融炉は大規模なプラントで、建設費・維持費とも巨額であるうえ、運転技術も複雑である。そのうえ新技術のため稼動実績が少なく、RDFの場合と同様に、各地で爆発事故が相次いでいる。安全性や稼働特性のデータもまだ十分には蓄積されておらず、今後の課題が多く存在する。

しかしこうした問題がありながら現在、日本各地でガス化溶融炉も含め、ダイオキシン対策が施された大規模なごみ処理施設が相次いで建設されている。その理由は、ダイオキシン対策上から、1997年に、国は広い地域からごみを集め、24時間連続で運動でき、1日100t以上高温処理できる大規模施設の建設だけを補助金の対象にしたからである。その結果、排出されるダイオキシンは大幅に削減されたが、ごみ処理の問題がダイオキシン対策にすり替わり、大型のごみ処理施設のために大量のごみを集めなければならず、ごみの運搬や輸送コストなどの新たな問題が発生することになった。そこで、最近、これまでダイオキシン対策が難しいとされていた小型ガス化溶融炉施設の研究開発が大学を中心として進められている。

10・4　循環型社会の法体系

今日、これほどまでにごみが増加した理由は、使い捨て製品の普及、買い替え需要の増大（パソコン、携帯電話、家電製品など）、プラスチックごみの増加など

10・4 循環型社会の法体系

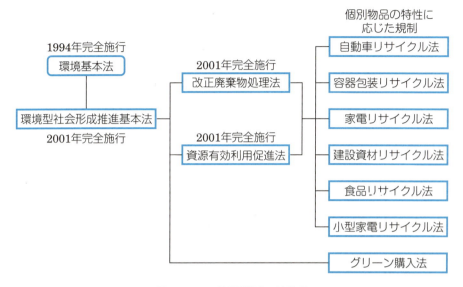

図 10・10　循環型社会の法体系

である。政府は、ごみ問題の解決のために、Reduce（リデュース：発生抑制）、Reuse（リユース：再使用）、Recycle（リサイクル：再生利用）の **3R** が重要であると考え、2000 年以降、**循環型社会形成推進基本法**を中心として、家電・食品・建材・自動車などの個別のリサイクル法を制定・整備してきた（**図 10・10**）。

これらの法体系により、廃棄物などはできるだけ、(1) 発生抑制、(2) 再使用、(3) 再生利用、(4) 熱回収、(5) 適正処分の優先順位で行うことが定められた。さらに、廃棄物処理やリサイクル推進における**排出者責任**と**拡大生産者責任**を明確にしている。

家庭ごみにはガラスびんや金属缶、ペットボトル、紙やプラスチック製の箱、レジ袋、包装などの容器と包装材が容積比で全体の約 60％（重量比で 24％）を占めている。このなかには有用な資源が含まれているため、分別収集して再生利用を図るための、**容器包装リサイクル法**（**容リ法**）が 1997 年に施行された。消費者が分別排出したものを市町村が分別回収し、関係事業者が再商品化する仕組みを規定している。そのなかでリサイクルが最も進んだものがペットボトルである。

157

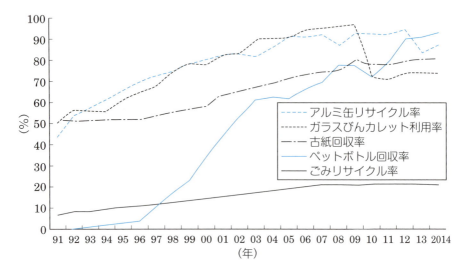

図10・11　リサイクル率の推移（環境省ホームページなどのデータより作成）

　1993年には、ペットボトルの生産量は12.4万tに対して、回収量は約530tに過ぎず、回収率はわずか0.4%であった。2016年には生産量59.6万tに対して、回収量は53.0万t（市町村＋事業者回収分）、リサイクル率は88.9%まで上昇している（**図10・11**）。

　そのほか、アルミ缶、スチール缶、ガラスびんの3種のリサイクル率がとくに高い。それぞれ自治体の分別回収が進んでいることと、リサイクル施設の整備・技術革新によって、再生原料としての質が向上していることによる。古紙の回収率も現在では80%を超えるまでに上昇したが、背景には古紙の引き取り価格の上昇がある。そのため、住宅地の新聞回収日に民間の回収業者が抜き取るケースが多くなり、回収を実施している地方自治体が対策を迫られている。これは、中国での古紙の需要が増え、輸出価格が上昇しているためである。

　このような容器のリサイクルは、一度原料に戻して再生製品をつくる**再生利用**と、製品のまま繰り返して使用する**再使用**とに分けられる。例えば、ガラスびんのリサイクルには、リターナルびんを使う再使用と、一度ガラスくずに戻して新びんをつくる再生利用の2通りがある。しかし、スチール缶をリサイクルに回し

ても、缶くずから再生されるスチールは品質が劣化するため再び缶にすることはできず、丸棒と呼ばれる建設用の材料にするしかない。この丸棒は20〜30年後には建設廃材という廃棄物になり、缶が廃棄物になるのを先送りしているにすぎないともいえる。一般的に、再生利用よりも再使用のほうが必要なエネルギーが少なく、環境にとって好ましい。

　ペットボトルのリサイクルは、従来は繊維やシートの再生産品ぐらいしかできなかったが、食品（おもに飲料）用として使用したボトルを再生し、再び食品用ボトルとして使用する「ボトル to ボトル」と呼ぶ技術が2003年に実用化されている。この技術は、廃ボトルを分子レベルまで化学分解したうえで、ボトル用樹脂に再合成する方法であり、石油から作る場合に比べて、CO_2の排出量やエネルギー消費量なども大幅に低下するといわれている。また、最近、原料の原油値上がりに対応するため、ペットボトルの軽量化が進んでおり、環境負荷低減の観点からも注目されている。

　「改正容リ法」は2007年4月に施行され、スーパーなどの小売業者はレジ袋や

column　MOTTAINAI

　ケニアの環境保護運動家のワンガリ・マータイさんが、2005年2月、京都議定書発効記念行事のために来日した際、「もったいない」という言葉を知った。英語などの言語には、日本語の「もったいない」の概念に合致する言葉がなく、この言葉に感動した彼女は、世界共通の言葉として世界中に広める活動を行った。「もったいない」は日本人が忘れかけていた3Rの精神をたった一言で表しているのである。マータイさんは、「持続可能な開発、民主主義と平和への貢献」により、2004年に環境分野で初のノーベル平和賞を受賞した。

ワンガリ・マータイ（1940〜2011）

10. 循環型社会の構築

紙製手提げ袋などの減量目標を自主的に定め、さらに大手の業者にはその実績を国に報告することを義務付けた。これによりレジ袋の有料化が始動したが、今後は環境先進国ドイツなどのように、企業ができるだけ包装を簡略化し、リサイクルすべきごみの総量を減らしていくことが重要である。

10・5 広がるリサイクル

(1) 家電リサイクル

国内の使用済み家電製品（廃家電）は、一般廃棄物の約1%にあたる約60万tも発生し、従来小売業者や市町村で回収、市町村や民間の処理業者で破砕処理され、ごく一部の金属以外は埋め立てられてきた。廃家電は焼却しても減量が難しく、最終処分場のひっ迫や製品内部の有害物質による環境汚染のおそれのため、2001年に**家電リサイクル法**が施行された。テレビ、冷蔵庫、洗濯機、エアコンの4品目（2009年4月より薄型テレビと衣類乾燥機が追加）が対象となり、廃家電の収集と再利用をメーカーに義務付け、その経費を消費者が負担するシステムである。

廃家電はリサイクル工場で解体された後、金属やガラス、フロンガスは新しい製品の原材料や部品として、また廃プラスチックは燃料になる。廃家電のなかには、直接、中古市場を経て途上国へ輸出されるものが、年間数百万台もあると推定されている。経済産業省と環境省の推計によると、2005年度の家電4品目の対象製品2,287万台のうち、約5割しかメーカーに引き取られておらず、残りは中古市場や海外（アジア諸国に771万台）に流れた。また、約16万台が不法投棄されていた（2013年度は約9.3万台（うちブラウン管テレビ69%））。2016年度には、1,120万台の廃家電が引き取られ、不法投棄回収台数は約6.2万台であった。家電製品協会によると、2001年度から2016年度までに、対象機器の引取台数が累計で2億877万台に達している。

小型家電（携帯電話、デジタルカメラなど）は、**都市鉱山**と呼ばれており、金や銅、レアメタル（希少金属）など、有用金属が多く含まれている。一方、鉛などの有害な金属も含むため、**小型家電リサイクル法**が2013年4月より施行され

た。2013 年度、全国の 43％の自治体が参加し、鉄、金、銀など約 7.5 t が再資源化された。

(2) パソコンリサイクル

パソコンはほかの IT 機器と同様、製品になるまでに数百種類もの化学物質が使われる製品であり、各種の有害化学物質を含んでいる。したがって、使用済みパソコンについては焼却や埋め立てを極力避け、適正なリサイクルが必要である。資源有効利用促進法によって、パソコンについてもメーカーに使用済み製品の回収・再資源化が義務付けられた。企業向けパソコンが先行し、家庭用は 2003 年 10 月から回収がスタートした。2014 年度には企業用、個人用を合わせて再資源化率（＝資源再利用量／再資源化処理量）は約 74％になっている。

(3) 自動車リサイクル

2005 年 1 月に自動車リサイクル法が施行された。ユーザーは新車購入時か車検時、廃車時のいずれかにリサイクル料金（1～2 万円）を支払う制度で、車の解体業者から出る「フロン」「シュレッダーダスト」「エアバッグ」の 3 品のリサイクルを自動車メーカーなどに義務付けている。2016 年度、国内で年間約 310 万台（約 49％は中古車として途上国へ輸出）の廃車が発生し、車の不法投棄が法施行前（21.8 万台）に比べ、2016 年には約 98％減少（約 0.5 万台が不法投棄・不適正保管）した。

使用済み自動車は、まず自動車販売業者などの引取業者からフロン類回収業者に渡り、カーエアコンで使用されているフロン類が回収される。その後、自動車解体業者に渡り、そこでエンジン、ドアなどの有用な部品、部材が回収、さらに、残った廃車スクラップは、破砕業者に渡り、鉄などの有用な金属が回収され、その際に発生するシュレッダーダストが、自動車製造業者などによってリサイクルされている。シュレッダーダストのリサイクル率は、約 94％（2016 年度）に達している。

しかし、この法制度の問題点としては、事実上、輸出される車には法の効力が及ばないため、リサイクル料逃れの手段として輸出が増える懸念がある。財務省

10. 循環型社会の構築

の貿易統計によると、2014年の中古車の輸出台数（128万台）は、2005年の約1.4倍と増えている。日本から輸出された新車や中古車の廃棄の時点まで、わが国が責任をもつような環境保全対策を国際的な自動車リサイクルの仕組みとして検討していく必要がある。

　以上、3品目についてその状況をみてきた。しかし、衣料品、携帯電話、モーターボートやヨットなどのプレジャーボート、医療廃棄物など、リサイクルが法制化されていないものも多く、今後の検討が必要である。

10・6　新たな廃棄物処理の取組み

　セメント産業は、使用する原料や燃料に幅があるという特性を生かし、火力発電所からの石炭灰、自動車の廃タイヤ、鉄鋼業からのスラグ、廃プラスチックなどの産業廃棄物を、原料や燃料として利用する方法が進んでいる。2010年度のデータでは、約5,600万tのセメント生産量に対して、約2,500万tの産業廃棄物が使用されている。

　国内で排出される廃プラスチックの約70%以上が、これまで焼却・廃棄されてきているが、製鉄産業では鉄鉱石の還元剤（酸化鉄から酸素を取り鉄にする）としてのコークスの代わりに廃プラスチック（食品や日用品を包んでいたもの）を用いる方策が開発され、産業廃棄物の中間処理リサイクル施設として稼動している。

　さらに、生産活動から出る廃棄物を最小化し、循環型社会を目指す取組みに国連大学が提唱している**ゼロ・エミッション**がある。この考え方は、生態系の食物連鎖などからヒントを得ており、具体的には、生産活動によって排出される不用物や廃熱を、ほかの生産活動の原材料やエネルギーとして利用し、環境への排出量をゼロにしようとするものである。**図10・12**には、世界で最も早くこの考え方を実現したデンマークのカルンボー市の工業団地での成功例を示す。火力発電所を中心として、企業、行政および市民が協力して一つの資源循環型産業群を形成し、経済成長と環境問題の両立を図るシステムとしてうまく機能している。

　しかし、ゼロ・エミッションには、企業や産業の協力や広域の行政区域での取

10・6 新たな廃棄物処理の取組み

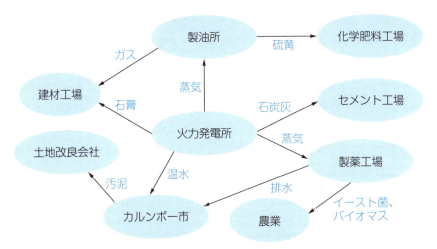

図 10・12 ケルンボー市（デンマーク）のエコタウンの例

江戸時代の 3R

column

　江戸時代は、現在よりも 3R が徹底した循環型社会であった。使ったものをごみとして出すのではなく、有効利用する知恵や技術をもっていた。そのため、図のようなそれを支える専門業者、今でいうリサイクル業者が多数存在していた。江戸の生活では、灰や紙くずだけではなく、古着、傘骨、行灯、樽、ほうき、ろうそく、木片といった品目ごとに回収業がなりたっていた。江戸時代には蕎麦屋が最盛時に 3,700 軒ほどあったというが、古着屋はそれより多い 4,000 軒ほどであったとされるから、その繁栄ぶりが推測できる。

10. 循環型社会の構築

組みが必要となる。そのため、政府は、この考え方を社会一般に広げ、これまでの「生産→消費→廃棄」の一方通行型の経済—産業システムに対して、循環の環をつくる国の**エコタウン構想**が試みられ始めている。これまでに、札幌市、川崎市、富山市、北九州市など全国で26か所のエコタウン地域が指定されている。各地域では、それぞれ独自の資源リサイクル工場を誘致・設立し、自動車、タイヤ、プラスチック、OA機器、空き缶やペットボトルのリサイクル、生ごみの堆肥化・生分解性プラスチックの製造やごみ発電などを行っている。いずれの地域においても、採算性の確保が成功の鍵である。

ポイント

- わが国の物質フロー（2015年度）をみると、総物質投入量（16億900万t）は年々減少してきており、循環利用率は15.6%と2010年以降横ばい状態である。
- 一般廃棄物の排出量は2010年以降、ほぼ横ばいからやや減少気味であり、一人1日あたりの排出量は925g（2016年度）である。
- 日本の一般廃棄物処理の特徴は、OECD諸国のなかで、焼却率が突出して高く、リサイクル率がきわめて低い点にある。
- 産業廃棄物の排出量は、一般廃棄物の約9倍で近年、約4億t前後で推移している。
- ダイオキシン対策で、ごみ固形燃料（RDF）とガス化溶融炉が導入されたが、安全性や稼動特性のデータもまだ十分には蓄積されておらず、課題が多く存在する。
- 環境基本法と循環型社会形成推進基本法の内容を具体化するため、各種の個別リサイクル法が整備され、3R実現に向けた取組みが進められている。
- 循環型社会を構築するため、生産活動の結果、排出される廃棄物を別の産業の原料に使うなどして全体として廃棄物をゼロにするゼロ・エミッションに取り組む地域もある。

演習問題

10・1 日本で1年間に出る一般廃棄物（家庭やオフィスから出るごみ）の量は、現在、重量では約4,300万tであるが、体積で東京ドーム（124万 m^3）何杯分になると推定されるか。ただし、粗大ごみのようにかさ張るものが多いので、ごみの密度を 0.3 g/cm^3 仮定して計算してみよ。

10・2 韓国の一般廃棄物のリサイクル率は、59％と日本の約3倍である（図10・2）。その理由を調べてみよ。

10・3 四国山脈の山あいにある人口約1,600人（2017年）の徳島県勝浦郡上勝町の家庭ごみの分別種類数は34種類と日本一多いが、その内容を調べ、横浜市や名古屋市などの大都市の場合と比較してみよ。

10・4 2015年度、わが国のごみ処理にかかる経費の総額は、1兆9,495億円であり、国民一人あたりに換算すると、1万5,200円となっている。横浜市のごみ処理経費は年間458億円に達し、一人あたり1万2,300円である（2015年度）。各自の市町村のごみ処理経費を調べ、比較してみよ。

10・5 ゼロ・エミッションがうまく機能しなくなる原因としてどのようなものがあるか考えてみよ。

10・6 北九州市のエコタウンについて、どのような取組みが行われているか調べてみよ。

本書に関連するおもな用語解説

[用語の順序は分野の近いものでまとめています。]

1 環境と持続可能性

ハンガーマップ
FAO（国連食糧農業機関）の統計に基づいて、世界の飢餓の状況を栄養不足人口の割合から5段階に色分けした世界地図であり、食料問題における南北格差を示す。

フェアトレード
発展途上国の生活改善を目指し、発展途上国で生産された農産物や製品を公正な対価で購入すること。

フードマイレージ
食料の重さと輸送距離を掛け算した数値によって地球環境への影響を表すものである。日本は世界最大の農産物輸入国であり、他国に比べて格段にこの数値は高く世界最大である。

環境危機時計
環境の悪化による人類滅亡の時刻を夜の12時に設定し、環境悪化の危機感を昼の0時から3時間ごとに「ほとんど不安はない」「少し不安」「かなり不安」「きわめて不安」として分類するものである。旭硝子財団（本部東京）が毎年、世界の専門家にアンケートし、平均時刻を1992年から割り出している。2018年は17年より14分進み、過去最悪の9時47分とされる。

環境容量
環境を損なうことなく、受け入れることのできる人間の活動または汚染物質の量を表す。

ファクターX
同一の財やサービスを得るために必要な資源やエネルギーの投入を減らすための指標。Xには環境効率の倍率を表す数字が入り、環境効率を10倍、4倍に高めるファクター10とファクター4が有名である。

エコロジカル・リュックサック
ある製品や素材1単位を生産するために移動された物質量を重さで表した指標で、この数値が大きいほど環境への負荷が大きい。例えば1tの銅を得るためには鉱石、土砂などの自然資源を約500t移動する必要があり、この場合のエコロジカル・リュックサック値は500と表される。

コンパクトシティ
おもに住民の徒歩による移動性を重視し、住宅や商店、病院、学校などの施設やさまざまな機

本書に関連するおもな用語解説

能が比較的小さなエリアに高密に詰まっている都市形態のこと。ヒトやモノの移動に必要な CO_2 排出量の低減につながる。

バイオキャパシティ
地球環境が本来もっている私たちに対する食料・衣類・住居などの生産力や廃棄物の収容力のこと。

アジェンダ 21
1992 年の地球サミット（環境と開発に関する国連会議）で採択された文書の一つ。アジェンダとは、「予定」や「行動計画」という意味で、21 世紀に向けた持続可能な開発のための人類の行動計画として、その後の世界の環境政策や取り組みの道標とされている。

グリーン経済
国連環境計画（UNEP）の報告書（2011 年）では、「グリーン経済」を、環境問題に伴うリスクと生態系の損失を軽減しながら、人間の生活の質を改善し社会の不平等を解消するための経済のあり方であると定義している。

持続可能な発展
将来の世代が享受する経済的、社会的な利益を損なわず現代の世代が環境を利用していこうとする考え方。1992 年の地球サミット「リオ宣言」に取り入れられた。

CSR
「企業の社会的責任」といわれ、企業も持続可能な社会を構築する取り組みに積極的に参加し、責任を果たすことが求められている。

SRI
各企業の人的資源への配慮、環境への配慮、利害関係者への配慮などの CSR への取り組みを評価し、投資選定を行う投資行動をいう。企業の環境配慮に注目するエコファンドなどがこれに該当する。

エコファンド
一般に環境問題への取組みが熱心で、しかも株価のパフォーマンスも高いと判断される企業の株式に投資する投資信託商品のことである。

環境会計
事業活動における環境保全のためのコストとその活動で得られた効果（環境面）をできるだけ定量的に測定・管理し、報告する手法のこと。

ISO 14001
ISO14000 シリーズはアジェンダ 21 に基づいて生まれ、このうち ISO 14001 は、環境に配慮した経営方法（環境マネジメントシステム）に国際的な統一規格を設けるための規格である。

本書に関連するおもな用語解説

環境報告書
企業等の事業者が、環境に配慮して行った事業活動をまとめて報告書として公表するものであり、特に ISO 14001 を取得した企業を中心に作成されるようになってきた。報告書は、一般に環境マネジメントシステム、法規制遵守、環境保全技術開発、CO_2 排出量の削減、廃棄物の排出抑制等について取りまとめられている。

環境家計簿
家庭内での金銭の動きを記録する家計簿のように、日々の家庭生活の中で毎月使用する電気、ガス、水道、ガソリン、燃えるごみなどの量に CO_2 を出す係数をかけて、家庭での CO_2 排出量を記録する形式が代表的なものである。

環境 NGO
NGO とは、非政府機関（Non-Governmental Organization）の略で「非政府組織」、NPO は Non-Profit Organization の略で、「民間非営利組織」などと訳されるが、どちらも政府や企業から独立した組織である点が共通である。「環境 NGO」は、その中で環境保護活動を行っている団体であり、よく知られているものには野生動物保護の世界自然保護基金（WWF）、国際自然保護連合（IUCN）、グリーンピース（Greenpeace）などがある。

LOHAS
「健康と持続可能性を志向するライフスタイル」の略で、健康や環境問題に関心の高い人々のライフスタイルを営利活動に結びつけるために生み出されたビジネス用語である。

グリーン・コンシューマー
日々の消費生活の中で環境に配慮し、地球環境を大切にする消費者のこと。

2 地球環境問題

硫黄酸化物
硫黄と酸素の化合物で二酸化硫黄（亜硫酸ガス）を主とし、三酸化硫黄などを含め有害物質。石油や石炭などの硫黄を含む化石燃料などを燃焼させると発生し、大気汚染や酸性雨の原因の一つとなる。

窒素酸化物
燃料の窒素分が燃焼して発生するフューエル NO_x と、大気中の窒素が酸素と反応して発生するサーマル NO_x の二つのタイプがある。おもなものに、一酸化窒素（NO）、二酸化窒素（NO_2）、亜酸化窒素（N_2O）などがある。

オゾン
オゾンは、三つの酸素原子からなる酸素の同素体。分子式は O_3 で、折れ線型の構造をもつ。ひじょうに不安定で腐食性（酸化作用）が高く、特徴的な刺激臭をもつ有毒物質である。

本書に関連するおもな用語解説

ナショナル・トラスト運動
無秩序な開発から自然環境や歴史遺産を保全するため、多くの人々から寄付金を募り、土地や建物を買い取って保存・管理する運動。19世紀後半に英国で始まり、各国に広がった。

COP
締約国会議（Conference of the Parties）の略。環境問題に限らず、多くの国際条約のなかで、その加盟国が物事を決定するための最高決定機関として設置されている。末尾には会議の開催回数をつける。

バーゼル条約
有害廃棄物の輸出入を規制する条約で、OECD および UNEP（国連環境計画）が、1989年、スイスのバーゼルにおいて作成。先進国で排出された有害廃棄物が、発展途上国で放置・処分される例が多いことから結ばれた。

ウィーン条約
正式名称は「オゾン層保護のためのウィーン条約」。オゾン層やオゾン層を破壊する物質について国際的協力のもとに研究を進めることや、オゾン層に影響を及ぼす人間活動を規制する措置、オゾン層の保護に関する研究、観測、情報交換をしていくことが決定された。

モントリオール議定書
正式名称は「オゾン層を破壊する物質に関するモントリオール議定書」で、1987年採択。オゾン層の破壊は、皮膚がんの原因となるなど、人命に直接かかわることから、1995年末までの特定フロンの全廃を決めた。

3 地球温暖化

温室効果
CO_2 やメタン、フロンなどが、地表から宇宙空間に熱を逃がさない働きをすることによる地球温暖化効果。大気が温室のガラスのような役割を果たすため、この名称がある。

温室効果ガス
地表から放射された熱（赤外線）を一部吸収し、地表を温める働きのある CO_2 やフロンのような気体。

地球温暖化係数
温暖化に影響する温室効果ガスの度合いを、CO_2 を1として比較表示したもので、メタン25、一酸化二窒素310、フロン類は数千～数万倍である。

ブルーカーボン
アマモなどの海草、昆布やアラメなどの海藻やマングローブなどが吸収する CO_2 のことで、陸

本書に関連するおもな用語解説

上植物が吸収するCO_2の「グリーンカーボン」に対してブルーカーボンと呼ばれる。

スターン報告
英国ブレア首相とブラウン財務大臣の委託を受け、2006年10月に経済学者ニコラス・スターン博士によって提出された「気候変動の経済学」の通称のこと。地球温暖化の影響と対策を経済学的に分析したレポートである。

サンゴの白化
サンゴは褐虫藻と呼ばれる植物プランクトンと互いに共生の関係にあり、サンゴ礁を形成している。海水温が上昇すると、褐虫藻がその場で生息できなくなって脱落し、サンゴが真っ白に変色する現象のこと。

4 低炭素社会の構築

京都メカニズム
京都議定書の目標を達成するためのクリーン開発メカニズム、共同実施、国際排出量取引の三つの措置のこと。

京都議定書
1997年の地球温暖化防止京都会議で採択された、気候変動枠組条約に関する議定書。CO_2を中心とした温室効果ガス6種について、先進国に対する拘束力の強い排出削減目標を定めた。

ポスト京都議定書
京都議定書の第一約束期間（2008～2012年）以降の2020年までの国際的な温暖化対策の枠組みのこと。

パリ協定
2020年以降の温室効果ガス排出削減等のための新たな国際枠組みで、2016年11月に発効しました。この協定において、歴史上初めて、全ての国が地球温暖化の原因となる温室効果ガスの削減に取り組むことを約束した。

名古屋議定書
生物多様性条約の第10回締約国会議（COP10）が2010年に名古屋で開かれ、医薬品などのもととなる動植物などの遺伝資源の利用を定めたもの。

環境税
電気、ガス、ガソリンなど、温暖化の原因となるCO_2を排出するエネルギーに課税し、CO_2排出量に応じた負担をする税金。

本書に関連するおもな用語解説

コージェネレーション
熱と電力を同時に供給するエネルギーの供給システムのこと。

スマートグリッド
デジタル機器によるネットワーク技術を使い、電力供給側と使用者側とを結びつけることによって、効率的な電力供給、消費の実現を目指した次世代送配電システムのこと。

カーボン・オフセット
個人の経済活動や日常生活の中で排出された CO_2 を、植林やクリーンエネルギー事業などによってほかの場所で直接・間接的に吸収して埋め合わせる（オフセット）考え方のこと。

カーボン・ニュートラル
気候変動に影響を与える CO_2 の排出と吸収がプラスマイナス０のことをいう。植物の成長過程では光合成により CO_2 を吸収するため、植物を焼却しても発生する CO_2 の量が相殺され、大気中の CO_2 の増減に影響を与えないことから出てきた概念である。

カーボン・フットプリント
「CO_2 の見える化」を図る試みであり、われわれの目に直接見えない CO_2 の排出量を消費者にはっきりわかるように表示すること。

低炭素社会
経済成長を妨げることなく、地球温暖化の原因物質の CO_2 排出量が少ない産業・生活システムの構築を目指す社会のこと。

トップランナー方式
1999年4月に施行された「改正省エネ法」によって導入された制度。電気製品などの省エネ基準や自動車の燃費・排ガス基準を、市場に出ている機器のなかで最高の効率のレベルに設定し、最も環境性能の高い製品にトップランナーの称号を与え、他社の追い上げを促す方式である。

グリーン電力
風力や太陽光、バイオマス、小水力、地熱などで発電された電力。このタイプの電力を購入して、自然エネルギーの発電費用の割高部分などを負担していくため、この電気を証書化したものを「グリーン電力証書」という。

バイオ燃料
生物から得られる燃料の総称で、動植物が世代交代を通じて再生するため、再生可能な燃料である。バイオエタノールとバイオディーゼルがある。

バイオエタノール
サトウキビのかすや廃木材、大麦やトウモロコシなどの植物を原料とするエタノール。石油の代替燃料として注目されている一方で、世界の家畜飼料をうばい、穀物の価格上昇の原因とも

本書に関連するおもな用語解説

なっている。

バイオディーゼル
菜種油、大豆油、アブラヤシなどから作られるディーゼルエンジン用の代替燃料で、バイオマスエネルギーの一つ。

ハイブリッド車
エンジンとモーターを併用してエネルギー効率を高めた自動車。1997年、トヨタ自動車が世界初のハイブリッド乗用車「プリウス」を発売した。

CCS
Carbon dioxide Capture and Storage の略であり、二酸化炭素（CO_2）の回収、貯留を意味している。工場や発電所などから発生する CO_2 を大気放散する前に回収し、地中貯留に適した地層まで運び、長期間にわたり貯留する技術である。

5 水と人間活動

水ストレス
水需要がひっ迫した状態を指す。一人あたりの年間使用可能水量が 1,700 m^3 を下回ると日常生活に不便を感じるとされる。

水メジャー
上下水道事業などを行う国際的な企業のこと。水道事業をめぐって、各国の巨大企業や国がしのぎを削っていて、水の需要増により 2025 年までに市場規模は世界で 110 兆円に膨らむと予想されている。

干潟
潮の干満に応じて干出と水没を繰り返す平坦な砂泥地で、内湾や入り江に流れ込む河川の河口域の地形によって、前浜干潟、河口干潟、潟湖干潟の三つのタイプに分かれる。

富栄養化
東京湾、伊勢湾、瀬戸内海、霞ケ浦などの水の出入りが限定される閉鎖性水域で、窒素化合物やリン酸などの栄養塩類が増え、植物プランクトンなどの藻類が異常増殖し、水中の溶存酸素が減少したり、藻類の死滅や生産する有害物質により水生生物の減少などが見られる現象。水質が全体的に悪化し、緑色、褐色、赤褐色などに変色することが多い。

ラムサール条約
1971 年、イランのラムサールで採択された条約で、正式名称は「特に水鳥の生息地として国際的に重要な湿地に関する条約」である。

本書に関連するおもな用語解説

6 生物多様性の保全

生態系
生物と大気、気象、地形、土壌など無機的な環境の関連とまとまりを捉えた概念。物質循環や食物連鎖、共生の仕組みなどと相互に関連している。

生物資源
人間にとっての動植物の遺伝子の有用性に着目して、遺伝資源ともいわれる。1993年に発効された生物多様性条約において、『「遺伝資源」とは、現実の又は潜在的な価値を有する遺伝素材をいう。「遺伝素材」とは、遺伝の機能的な単位を有する植物、動物、微生物その他に由来する素材をいう』とされている。

生物多様性条約
1992年の地球サミットで採択された、生物の多様性を保全することを目的とした条約。多様な生物を生態系、生物種、遺伝子三つのレベルで保護していく。

永久凍土
高緯度地域や高山帯で、夏でも温度が0℃以下で、2年以上にわたって凍結している土壌のこと。カナダや米アラスカ州、シベリアなどに分布し、厚さは数mから数百mになる場所もある。日本では富士山と北海道の大雪山で発見されているが、富士山では温暖化による永久凍土層の融解が進んでいる。

ワシントン条約
正式名称を「絶滅のおそれのある野生動植物の種の国際取引に関する条約」という。日本は1980年に加入したが、密輸入が後を絶たない。

レッドデータブック
絶滅の恐れのある野生生物種をリストアップし、その現状をまとめた報告書。表紙が赤色のため、この名が付けられてる。

エルニーニョ現象
南米エクアドルからペルー沿岸にかけての海水温が、半年から1年半にわたって、平年に比べ1〜5℃上昇する現象。

ラニーニャ現象
エルニーニョ現象とは逆の海水温が下がる現象。

バラスト水
貨物船、コンテナ船、タンカーなどの船舶が空荷のとき、船の安定航行を確保するために住み込まれる「重し」として積み込む海水のこと。

7 化学物質と環境

内分泌かく乱物質
ダイオキシン類、DDT、PCB などの物質で、ごく微量でもさまざまな作用があるとされており、生殖異常などの悪影響があるとされる。（＝環境ホルモン）

ダイオキシン
塩素系のプラスチックなどを燃やすと発生する猛毒物質。ごみ焼却場などから高濃度で検出され、社会問題となった。このため、総排出量を規制するダイオキシン類対策特別措置法が、1999年に制定された。

マイクロプラスチック
廃棄されたペットボトルなどのプラスチックが紫外線で劣化するなどして直径数 mm 程度以下のプラスチック片になったもの。下水処理場では処理できず、魚や鳥の体内で確認され、生態系への影響が懸念されている。

エコチル調査
環境省が 2011 年から全国の 10 万組の子どもとその両親を対象に開始した「子どもの健康と環境に関する全国調査」。子どもが 13 歳になるまで、定期的に健康状態を確認し、環境中の化学物質が子どもの健康に与える影響を疫学的に調査する。

残留性有機汚染物質（POPs）
毒性が強く難分解性で、水に溶けにくく生物濃縮性があり、長距離で移動する性質のある有機化合物のこと。おもなものに PCB、DDT やダイオキシン類などがある。

PRTR
「Pollutant Release and Transfer Register」の略で、「化学物質排出移動量届出制度」。有害性の疑いのある化学物質が、どのくらい環境中に排出されているか、また廃棄物などとして移動しているかを把握し、集計・公表することを義務付けた制度である。

8 公害防止と環境保全

田中正造（1841 ～ 1913）
栃木県佐野市に生まれる。自由民権運動家から衆議院議員となり、足尾銅山鉱毒問題を生涯にわたって追及する。わが国における公害防止運動の先駆者。

田子の浦港ヘドロ公害
1970 年ごろの静岡県富士市には約 150 社の製紙工場があり、大気汚染によるぜんそく、悪臭公害などが深刻であった。なかでも田子の浦港には、製紙工場からの未処理の排水が垂れ流され、製紙数かすがヘドロとして川や海に大量に堆積した。

本書に関連するおもな用語解説

カネミ油症事件
1968年九州を中心に、カネミ倉庫が製造した米ぬか油が原因で、重い皮膚病や死者が発生した。製造過程でPCB（ダイオキシンを含む）が混入したのが原因。

森永ヒ素ミルク事件
1955年ころから西日本を中心に、森永製菓が販売した粉ミルクに、製造過程でヒ素が混入していたため、乳児に多数の死亡者が出たのをはじめ、1万人以上の被害者を出した。

サリドマイド事件
1950年代末から1960年代に発生。睡眠・鎮静剤サリドマイドを妊婦が服用することによって、世界で多数の新生児に奇形が生じた。

スモン病
1955年ころから販売された整腸薬「キノホルム」の服用により、運動機能障害、知覚異常を発生させた。

大阪空港公害訴訟
大阪空港に発着する航空機の騒音・振動に苦しむ住民が、国を相手に夜間飛行の差し止めと損害賠償を求めた民事訴訟。1981年、最高裁は過去の損害賠償は認めたが、「環境権」に言及せずに、航空行政に対する民事訴訟は不適切であると請求を棄却した。

JR東海リニア中央新幹線環境影響評価報告書
2014年4月にJR東海が国土交通省に提出した。1万8千ページにも及び、東京、神奈川、川崎、山梨、長野、岐阜、静岡、愛知の都県単位でまとめられている。

外部不経済
自由主義経済では、市場が各種財貨・サービスの効率的な配分をすることを想定したシステムであるが、環境汚染・公害については、それに関連した便益や費用を予め市場の中に取り組むことができない。その結果、第三者の私的財貨やサービスの産出に影響を与えるケースが生じる。こうした行為が市場を通さないで（対価を支払わないで）多くの人々に不利益を与える場合、これを「外部不経済」という

無過失責任制度
公害によって周辺地域の住民などに健康被害を与えた場合、公害を発生させた企業に故意や過失がなくても、その損害について賠償させる責任を負わせるという制度。民法では、加害者に故意や過失があった場合に賠償責任が生じるとされるが、大気汚染防止法や水質汚濁防止法などでその考え方を転換させた。

アスベスト
石綿ともいわれる。繊維状の鉱物で、飛散物を吸い込むと肺ガンや中皮腫などを引き起こす。日本では高度成長期から建築材などに大量に使われた。

本書に関連するおもな用語解説

水銀に関する水俣条約
国連環境計画（UNEP）による、水銀による環境汚染と人の健康被害を防ぐための法的拘束力のある条約。2013年10月に水俣市で条約の採択・署名が行われた。

9 大気汚染と都市の環境問題

環境基準
大気、水質、土壌の汚染および騒音に係る環境上の条件について、人の健康の保護および生活環境の保全の上で維持されることが望ましい基準である。

ばい煙
一般には石油や石炭などの燃焼によって発生し、工場の煙突から排出される「すす」や「煙」を意味している。

浮遊粒子状物質（SPM）
粒子の直径が $10\,\mu m$ 以下のもので、工場のばい煙、自動車の排気ガス、山林火災などで発生する。そのうち、$2.5\,\mu m$ 以下の小さな粒子を $PM_{2.5}$ という。

微小粒子状物質（$PM_{2.5}$）
工場からのばい煙、たばこの煙やディーゼル車などから排出され、長時間空気中に滞留し、人間が呼吸によって吸い込むと気管支喘息や肺ガンを引き起こす可能性がある。

光化学オキシダント
光化学スモッグの原因となる過酸化物で、ほとんどがオゾンである。高濃度になると目やのどの刺激や呼吸器に影響を及ぼすことがあり、農作物への悪影響を引き起こす。

光化学スモッグ
大気中の窒素酸化物や炭化水素が太陽の紫外線によって光化学反応を起こして、光化学オキシダントが生成する。この物質により発生するスモッグを光化学スモッグという。

ヒートアイランド
都市部の地上気温が周辺地域より高くなる現象。「熱の島」とも訳される。自動車やエアコンからの熱や、緑地の減少、アスファルト、コンクリートなどが影響しているとされる。

10 循環型社会の構築

循環型社会
広義には人間と自然が共存・共生する社会システムを意味し、狭義には廃棄物の発生を抑え、リサイクルを進展させ資源の循環を図る社会のことである。

本書に関連するおもな用語解説

3R
循環型社会をつくるために重要な、リデュース（ごみの発生抑制）、リユース（ごみの再使用）、リサイクル（ごみの再生利用）の頭文字を取ってこう呼ばれる。廃棄物処理の優先順位も表している。

リサイクル
廃棄物の再生利用。省資源・省エネルギー・環境保護の効果がある。

グリーン購入法
国や地方公共団体が、再生品など環境負荷の少ない製品を優先的に調達する制度。

グリーン・コンシューマー
日々の消費生活の中で環境に配慮し、地球環境を大切にする消費者のこと。

容器包装リサイクル法
ビン、ペットボトル、ダンボールなど容器・包装材料のリサイクルを義務付ける法律。1995年に制定、1997年から施行された。

都市鉱山
家電製品などに含まれる金属を鉱石に例えて、都市には資源が蓄積されており、リサイクルによって資源が確保できるとする考え方。

レアメタル
地球上での存在量が稀であったり、技術的・経済的理由によって取り出すことが困難な金属の総称。クロムやコバルト、プラチナなど約30種程度の元素で、ハイテク機器には欠かせない。

演習問題の略解・解説

1 環境と持続可能性

1・1 エフェソスは小メンデレス川河口に位置した港町であったが、川の上流部における森林の伐採によって、洪水が度々起こり、上流や中流の土砂が下流に大量に運ばれ、海岸線が前進し、港として町が機能しなくなった。

1・2 生産年齢人口が高齢者と子供の合計人数を一時的に上回る状態が人口ボーナス、それとは逆の状態が人口オーナスである。

1・3 グローバル・フットプリント・ネットワーク（GFN：Global Footprint Network）が算出し、世界自然保護基金（WWF）が公表している Living Planet Report を参照のこと。

1・4 例えば、鈴木、田辺「資源・エネルギー消費からみた都道府県別エコロジカル・フットプリント値の算出」日本エネルギー学会誌、95 巻、p.1125（2016）を参照。

1・5 CO_2 排出量を減らす（節電、省エネルギーなど）こと、再生可能エネルギーの拡大、食品ロス削減など。

2 地球環境問題

2・1 例えば、次のように表の形でまとめられる。

原　因	おもな影響
化石燃料の大量章によって CO_2 などの温室効果ガスが大気中に蓄積することで気温が上昇	酷暑・集中豪雨など気候変動 地球温暖化 海面上昇による低地の水没 農作物の産地の変動
有害な紫外線量の増加によるオゾン層の破壊 フロンガスの大気中への放出	健康被害（皮膚がんや白内障）、農作物や生物などの生育阻害

2・2 環境報告書を参照すると、例えば
　(1) 醤油製造会社 K 社では、容器包装の減量化、リターナブル容器包装の導入、分別や再利用しやすい容器の形状設計および材質の検討および実用化が試みられている。
　(2) 住宅用建材メーカー Y 社では、産業廃棄物のリサイクルにおいて再資源化率は 99.9％でほぼゼロ・エミッションを達成している。

2・3 例えば、ごみの排出を減らしたり、エアコンの設定温度を低めにする、外出時はなるべく自転車や電車を利用するなど、地球環境にやさしい暮らし方をする。企業に「地球にやさしい」製品の開発を求めたり、行政に対して地球環境問題の解決のための施策を充実させるよう求める、など。

3 地球温暖化

3・1 同じ原子からできている 2 原子分子および単原子分子であり、分極していない。

3・2 水蒸気は地球全体の水循環のなかで存在し、人為的にコントロールできない。

3・3 海水の pH が下がると、炭酸イオン（CO_3^{2-}）が重炭酸イオン（HCO_3^-）となり、炭酸イオン濃度が下がる。炭酸イオンは植物プランクトンやサンゴ礁、貝類、甲殻類など多くの水生生物にとって必要不可欠である。

3・4 オゾン分子が温室効果をもっている。地上付近のオゾン濃度の変化についても調べてみよ。

3・5 桜の開花日が年々早まっていること、暖かい海を好むサワラの主漁場が日本海になったこと、市販のミカンに佐渡島産が登場していること、北海道でサクランボの栽培面積が増えていること、渡り鳥が日本に来る時期が遅くなり、滞在時期が短くなっていることなどが観察されている。

4 低炭素社会の構築

4・1 最大の意義は、法的拘束力のある温室効果ガスの削減義務を設けたこと。問題点には、まず、2001 年にアメリカが締約国から離脱したこと、中国やインドなど途上国に温室効果ガスの排出削減が義務付けられていないこと、CO_2 の排出が増え続けていること、などがある。

4・2 利点はカーボン・ニュートラルが成り立つ点と排出ガス中に大気汚染物質をほとんど含まないこと。おもな欠点は食料との競合の問題があること。

4・3 自然環境や生態系に及ぼす影響がまだ未解明の点がある。回収した CO_2 を地底や海底に送り込むのに膨大なエネルギーが必要になる。

4・4 電球を LED に変えたり、消費電力の大きなエアコンや冷蔵庫を省エネタイプに買い替えたり、待機電力を減らすといった節電に努めることなど。

4・5 国は、原発再稼働に動き出しているが、4・7 とともに総合的に考えること。

4・6 例えば、新宿新都心地域冷暖房、札幌都心部の大規模複合商業施設「サッポロファクトリー」や、小樽の大規模複合型商業施設などにコージェネレーションが用いられている。

4・7 ドイツやイギリスなどでは風力発電が伸びているが、日本はその立地条件に恵まれず、また太陽光発電も日照時間などの面から日本の気候はあまり適さないなど、これらの発電コストが高い欠点がある。発電電力量に占める再エネ比率は、2016 年時点で日本は 14.5％（水力をのぞくと 6.9％）と、すでに 20％を超えているドイツ、イギリス、イタリア、カナダ、スペインなどと比べて低い傾向にあり、早期の再エネの導入の拡大が急務である。エネルギー自給率と温暖化対策の両面から、日本に適した再生可能エネルギーの技術開発とインフラ整備を考えるべきであろう。

5 水と人間活動

5・1 化学的酸化剤は、ほとんどの有機物を強制的に分解できる。一方、好気性微生物はエネルギー源として利用できる有機物のみを分解する。COD の指標では、バクテリアや微生物の作用で分解されにくいセルロースなども分解され、より多い酸素量が使われることになる。したがって、一般に COD の量は BOD のそれより大きい値をとるが、逆に排水の性状によっては COD ＜ BOD となるケースもあるため、注意が必要である

5・2 原水中のアンモニア性窒素（し尿処理場などから）の量が増すと、それによって消毒用の塩素が消費される。そのため、浄水場では消毒に必要な塩素を大過剰（10 倍ぐらい）加える必要があり、余った塩素が水中の有機物と反応する量が多くなってしまい、トリハロメタンの生成量が増大する。

演習問題の略解・解説

5・3　活性汚泥中の微生物の細胞は炭素（約50％）に比べ、窒素（約15％）とリン（約3％）の割合が低く、この細胞の構成比以上には窒素とリンを取り込まない。

5・4　家庭における調理・洗濯で生じる生活排水（生ごみ、食べかすなど）、人間や家畜の排せつ物（水洗トイレや浄化槽からの排水）、農業排水（肥料および農薬）、家畜排水、し尿処理場、一部の産業系排水などに多く含まれている。

5・5　インターネットなどの情報を調べて、現在の状況を本文中の記述と比べること。

5・6　長野県では、この宣言を受けて「長野県治水・利水ダム等検討委員会」を設置し、ダム建設の是非を個別のダムごとに検討することになった。当時、長野県では信濃川および天竜川に多数の多目的ダムの建設計画があったが、全ての建設事業が中止された。これに対し、県議会議員や県内の土木建設業者から激しい反発があったが、浅川ダム（浅川）や下諏訪ダム（東俣川）を始め軒並みダム事業は強制的に中止された。さらに、中部電力が木曽郡大桑村（現・木曽町）に建設を計画していた揚水発電ダムの計画も、県は不許可として、この計画は2004年に断念された。

　この宣言は、折からの公共事業見直しの機運とも重なり、日本国内に大きな影響を及ぼした。とくにダム建設に反対する市民団体の活動が活発化し、八ッ場ダム（吾妻川）・徳山ダム（揖斐川）・川辺川ダム（川辺川）建設の反対運動をさらに盛り上がらせた。

　しかし、2006年（平成18年）7月、長野県中部地域を中心に梅雨前線による記録的な集中豪雨が発生し、諏訪湖・天竜川流域で死者が出る大災害が発生した。これによって、この宣言による治水整備の遅れが指摘され、今後の検証が求められている。しかし、従来の河川工事に対する見直しを求め、全国のダム事業に対し問題提起を与えた点ではきわめて大きな意義があったといえる。

5・7　赤潮は、水域の窒素やリンによる富栄養化によって、植物プランクトンが異常発生し、海面付近がその細胞の集積によって海水が赤く変色する現象である。赤潮が発生すると水中の酸素が欠乏して魚が大量に死んだり、栄養分を奪われた海苔が色落ちするなどの被害が出る。一方、青潮は、増殖したプランクトンがやがて死滅し、その死骸が海底や湖底付近に堆積し、その分解に酸素が消費されて酸素の濃度が乏しくなった水が、水面近くに上昇し酸素と化学反応し、液面が白濁して青白く見える現象をいう。

6 生物多様性の保全

6・1　世界各国は、アマゾンの密林が、がん、エイズ、マラリア、心臓病などに効く医薬品開発の原料となる可能性のある物質の宝庫として注目している。現在の薬の25％は天然由来の動植物から抽出された物質に基づいて開発されており、世界の植物の20％がアマゾンに存在し、まだ1％程度しか研究されていない。アマゾンには人類にとってきわめて有用な種々の病気を治癒する可能性のある生物資源が眠っている。

6・2　毛皮や羽毛などを目的にした狩猟、森林伐採、宅地開発、河川改修、農薬散布などがある。これらの理由ごとに類型化しまとめてみよ。

6・3　ネズミは夜行性、一方、オオトカゲは昼行性であるため、双方が出会う確率がほとんどなかったため。

6・4　エルニーニョ現象は、太平洋赤道域（ペルー）において貿易風が弱まった場合、海流変化によって海水温度が上昇する現象のことである。大気の温度に影響を与え、異常気象を引き起こすことがあり、ペルー沖の海域が1～2℃（ときには2～5℃）高くなり、インドネシア側が乾燥状態になって森林火災が発生しやすくなる。ラニーニャ現象はエルニーニョ現象とは逆に、貿易風が通常より強まったとき、ペルー沖の海域が低温になり、インドネシア側の海域に雨が降りやすくなる。

6・5　再導入は、すでに絶滅した地域を対象とするのに対し、補強はまだ絶滅していないが種が少なくなったとき、外部から同種の個体を導入すること。

6・6　小笠原諸島は、固有の植物が多い貴重な自然生態系であるが、近年、外来種であるマメ科のギンネムとトウダイグサ科のアカギなどがはびこっている。こうした外来種は、ある種の化学物質を放出し、周囲の植物の生育を抑えるアレロパシー（他感作用）がほかの植物と比べてとくに強いことがわかってきており、外来植物の駆除が困難な一因となっている。

6・7　ナイルパーチは、もともとビクトリア湖にはいなかった「外来魚」で、新たな漁業資源を確保するため、50年ほど前にアフリカの別の湖から持ち込まれた。この魚は肉食で繁殖力が旺盛なため、1万2千年前から、爆発的な進化を遂げた500種を超えるカワスズメ類を食べ尽くし、200種以上の固有種を絶滅にまで追いやり、ビクトリア湖の生態系を大きく変えてしまった。

7 化学物質と環境

7・1　ppm は 100 万分の 1 を表し、1 ppm は、水 1,000 L に薬品 1 mL を溶かした濃度になる。1 ppt は、1 ppm の 100 万分の 1 を表し、100 万 t の水に薬品 1 mL を溶かした濃度である。

7・2　高濃度 PCB の処理は、化学反応によって無害化する処理をしている。タンク内に PCB を入れ、金属ナトリウム、塩化ナトリウムとビフェニールなどを入れ脱塩素化分解を行う。

7・3　環境中に放出された PCB が一部は水域に流れ出るが、大部分は揮発して地球の大気循環の流れにのって移動し、気温の低い極地などで凝縮して地面に到達する。

7・4　環境ホルモンは、分子のサイズがほかのたんぱく質や DNA に比べてきわめて小さく、分子量も大きくても 300 程度（代表的なステロイドホルモンの分子量）。一方、甲状腺ホルモン（チロキシン）は分子量が 776、インシュリンの分子量は 5,808、アクチンモノマーの分子量は 42,000、ウイルスの DNA の分子量は 100 万から 2 億、大腸菌の DNA では分子量は 25 億である。

7・5　ほとんどの化学物質は環境中において、大気、土壌、水系、底質、生物など、各種の媒体を経由して次第に分解されていく。化学物質の分解性は、その物質の水に対する溶解性、蒸散性（気化）、土壌などに対する吸着性、化学構造など種々の要因によって変わる。物理化学的な環境因子、熱、光（紫外線）、酸素、水（加水分解）などによって分解するほか、生物（とくに微生物）によって代謝あるいは栄養源として利用されて、最終的には、水と CO_2 などの無機物になる。

7・6　エリー湖に注ぐヒューロン川では、水を堰き止め、PCB などによって汚染された土壌を掘り出して取り除く、大規模な土木工事が行われている。汚染土壌はセメントで固められ、地中深く埋められている。

7・7

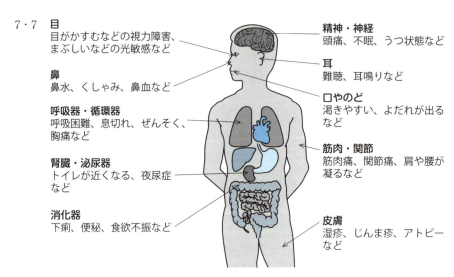

(出典：鈴木孝弘『新しい物質の科学』オーム社（2014））

7・8 RoHS 指令は、欧州連合（EU）が、2006 年 7 月に施行した化学物質に関する規制のことで、正式名称は「化学物質の登録・評価・認可に関する規制」である。これは廃家電・電子機器指令（WEEE 指令）を補完する指令である。家電やパソコン、複写機、デジタルカメラ、携帯電話などを対象に、鉛、カドミウム、六価クロム、水銀、ポリ臭化ビフェニル（PBB）、ポリ臭化ジフェニルエーテル（PBDE）の 6 物質の製品への使用を原則禁止した。REACH は、自動車、家電、雑貨など工業製品に含まれている種々の化学物質が健康や環境に与えるリスクを企業に登録させる制度である。正式名称は「化学物質の登録・評価・認可に関する規制」。2007 年 6 月に欧州連合（EU）で施行され、2008 年 6 月から本格運用が始まった。EU 域内での一定量（年間 1 t 以上）製造・輸入する約 3 万種の化学物質の管理を企業に義務付けている。ただし、医薬品、食品、廃棄物などは対象外である。

8 公害防止と環境保全

8・1 環境白書・循環型社会白書・生物多様性白書の「環境保健対策、公害紛争処理等及び環境犯罪対策」を参照のこと。公害病の認定患者（2017 年の月末時点）の分布を次図に示す。

演習問題の略解・解説

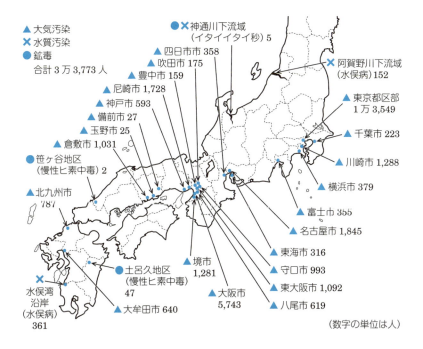

8・2 2018年5月2日で、水俣病の公式確認から62年が経ったが、熊本・鹿児島両県では計1,900人近くが患者認定をいまだに申請中である。認定や損害賠償を求めた訴訟も各地で続いている。一方、水俣市は、現在、「環境モデル都市」としてごみの24分別など先進的な取り組みをしている。チッソは、2011年4月から被害者補償を担う親会社と液晶生産などの事業を担う子会社（JNC）に分社化された。水俣湾は再生し、1997年に熊本県は、水俣湾の魚の安全宣言を出し、環境と健康をテーマにした「エコパーク水俣」が汚泥を埋め立てた場所の上に建てられている。

8・3 大気汚染は大きく改善され、青空と魚が住める海がよみがえっている。さらに三重県と四日市市の主導のもとICETT（国際環境技術移転センター）が設立されている。

8・4 市民団体が「四日市の二の舞にするな」として、市や静岡県に対し、政策の転換をせまった。沼津市では、市民の公害に対する科学的認識を高めるため学習会を300回以上開いた。そこでは、国や自治体のコンビナート誘致計画が実現されると、コンビナートが人間の生活や環境にどのような影響を与えるかの事前評価（環境アセスメント）が不十分であることが明らかになった（松村調査団の報告

書）。また、清水町においても反対派が過半数を占めるようになり、大規模なコンビナート誘致反対運動が沼津市で開かれ、静岡県も誘致を断念した。

8・5 濃度規制は、全国一律の排出基準（濃度）を定めて、各企業にその排出基準を守らせる方法であり、これが原則になっている。しかし、工場や事業所が密集している地域では、とくに必要なとき、地域全体として総排出基準を定め、全企業の総排出量がその基準を超えないように規制する方式を総量規制という。大気汚染防止法では、固定発生源に係る硫黄酸化物の総量規制地域として全国で24地域、窒素酸化物では3地域が指定されている。水質汚濁防止法では、総量規制として東京湾、伊勢湾、瀬戸内海などの閉鎖性海域でCOD、窒素、リンの排出量が規制されている。

8・6 環境省・環境影響評価情報支援ネットワークのホームページで検索してみよ。

8・7 自由主義経済では、市場が各種財貨・サービスの効率的な配分をするシステムとなっている。しかし、公害については、それに関連した便益や費用をあらかじめ市場の中に取り組むことができない。その結果、第三者の私的財貨やサービスの産出に影響を与えるケースが生じる。こうした行為が第三者に悪い影響を与える場合、これを外部不経済という。例えば、ある企業が大気汚染物質や騒音・振動、産業廃棄物を排出するなどの公害を起こし、市場を通さず第三者（周りの住民など）に損失を与えるようなケースが代表的な例である。この問題に対する対策として、汚染物質による社会的費用を市場に内部化するため、ばい煙や廃水の排出者に公害防止設備の設置を義務付け、行政が汚染物質の排出量を規制するものがあり、これには8・5の二通りの方法がある。

8・8

アスベスト（石綿）のおもな使用規制の動き（日本）

1971	特化則制定（石綿の飛散防止の義務付け）
1975	吹き付け原則禁止
1985	水道用石綿管の生産中止
1986	青石綿の使用禁止（日本石綿協会）
1989	大気汚染防止法改正（石綿が規制対象に）
1991	廃棄物処理法改正（飛散性石綿含有廃棄物を特別管理廃棄物に）
1992	茶石綿の使用禁止（日本石綿協会）
1995	茶石綿、青石綿の輸入・製造・使用禁止
2000	PRTR法施行（石綿の排出・移動量の届出義務化）
2004	全石綿の原則禁止（代替品のない製品を除く＝2006年全面禁止）
2006	石綿被害者救済法施行

演習問題の略解・解説

9 大気汚染と都市の環境問題

9・1 このシステムでは、全国を北海道、東北、関東、首都圏、中部、東海、近畿、中国・四国、九州、沖縄の地域に分けて、全測定局の SO_2、NO、$PM_{2.5}$ など7種の大気汚染物質の濃度がランク分けされ表示される。例えば、2018年12月20日（木）14時における首都圏の $PM_{2.5}$ の値をみると、東京、神奈川、千葉の湾岸沿いでは $16 \sim 35 \mu g/m^3$、内陸部では $11 \sim 15 \mu g/m^3$ の測定局が多く、最大は千葉県柏市の $63 \mu g/m^3$ であった。一方、同時刻の近畿地方では、京都から大阪、神戸にかけての地域で $36 \sim 50 \mu g/m^3$、その他の地域では $16 \sim 35 \mu g/m^3$ の測定局が多く、最大は大阪市淀川区の $82 \mu g/m^3$ であった。これより、この日は、近畿圏の方が全体的に $PM_{2.5}$ の値が高く、地域による大気汚染の差がわかる。

9・2 例年、3月から5月にかけて濃度が上昇する傾向がみられる。

9・3 2017年1月23日、ロンドン・カーン市長は最上級の大気汚染警報を宣言し、「首都の汚れた大気は健康の危機に関わる」と発表した。この日、午後3時のロンドン市内では、大気中 $1 m^3$ 中の微粒子が $197 \mu g$ に達し、北京の $190 \mu g$ より汚染が悪化していた。その原因は、冬季で寒く無風で霧が停滞する気象現象と、自動車の排出ガスに加えて最近急増している木を燃やす暖炉の煙によるものとみられている。パリやスペイン・マドリード、ブタペストなどでも、自動車の排出ガスによる影響が深刻になっている。

9・4 オゾンは、三つの酸素原子からなる酸素の同素体である。分子式は O_3 で、折れ線型の構造をもつ、非常に不安定で腐食性（酸化作用）が高く、特徴的な刺激臭を持つ有毒物質である。われわれの体内でも呼吸により取り入れられた酸素の一部がオゾンとして存在し、活性酸素として殺菌作用ももつが、場合によっては細胞にダメージを与えたり、種々の病気の原因になることが判明している。

10 循環型社会の構築

10・1 約 115.6 杯

10・2 ごみ分別の徹底と法律による生ごみリサイクルの 100％実施が最も大きな理由である。

演習問題の略解・解説

10・3 上勝町のホームページを参照。

上勝町資源分類方法

1.	アルミ缶	18.	段ボール
2.	スチール缶	19.	新聞・折込チラシ
3.	スプレー缶	20.	雑誌・コピー用紙
4.	金属製キャップ	21.	割り箸
5.	透明びん	22.	ペットボトル
6.	茶色びん	23.	ペットボトルのふた
7.	その他のびん	24.	ライター
8.	リサイクルびん	25.	布団・毛布・カーテン・カーペット・布・毛布
9.	その他のガラス	26.	紙おしめ・ナプキン
10.	乾電池	27.	廃食油
11.	蛍光管	28.	プラスチック容器包装類
12.	蛍光管・壊れたもの	29.	どうしても燃やす必要のあるごみ
13.	鏡・体温計	30.	廃タイヤ・廃バッテリー
14.	電球	31.	粗大ごみ
15.	発砲スチロール	32.	家電製品
16.	古布	33.	生ごみ
17.	紙パック	34.	農業用廃ビニール・農薬ビンなど

（上勝町ホームページより）

10・4 例えば、名古屋市の2015年度のごみ処理経費は、年間370億円、一人あたり1万6,080円である（名古屋市ホームページより）。

10・5 廃棄物を出す側と原料として受け取る側の需給関係の変化、産業構造の変化や景気変動の影響により、産業間の連鎖に破綻が生じる場合。また、採算性が合わなくなる可能性もある。廃棄物に不純物や有害物質の混入があるケースも予想される。

10・6 ペットボトルリサイクル施設、家電製品リサイクル施設、自動車リサイクル施設、蛍光管リサイクル施設、廃木材・廃プラスチック製建築資材製造施設など、北九州市エコタウンホームページ参照。

参考文献

[1] 鈴木孝弘:『新しい環境科学（改訂2版）―環境問題の基礎知識をマスターする』駿河台出版社（2014）。
[2] 鈴木孝弘:『新地球環境百科』駿河台出版社（2009）。
[3] 清田佳美:『水の科学－水の自然誌と生命、環境、未来－』オーム社（2015）。
[4] 吉原利一（編著）:『地球環境テキストブック　環境科学』オーム社（2010）。
[5] 松田裕之、ほか（監訳）:『最新環境百科』丸善出版（2016）。
[6] 北村喜宣:『環境法』有斐閣（2015）。
[7] 山谷修作:『ごみ効率化　有料化とごみ処理経費削減』丸善出版（2014）。
[8] 山谷修作:『ごみ有料化』丸善出版（2007）。
[9] 山谷修作:『ごみ見える化―有料化で推進するごみ減量』丸善出版（2010）。
[10] 太田和子、臼井宗一、山中冬彦:『私たちと環境』東京教学社（2015）。
[11] 矢野恒太記念会、国勢社（編）:『日本国勢図会2018/19年版』（2018）。
[12] 朝日新聞科学医療グループ（編）:『やさしい環境教室　環境問題を知ろう』勁草書房（2011）。
[13] 岡本博司:『環境科学の基礎　第2版』東京電機大学出版局（2011）。
[14] J. E. アンドリューズ、P. ブリンブルコム、T. D. ジッケルズ、P. S. リス、B. J. リード:『地球環境化学入門・改訂版』丸善出版（2012）。
[15] 御園生誠:『化学環境学』裳華房（2007）。
[16] 環境省（編）:『環境白書/循環型社会白書/生物多様性白書（平成30年版）』日経印刷（2018）。
[17] ニッキー・チェンバース、クレイグ・シモンズ、マティース・ワケナゲル:『エコロジカル・フットプリントの活用』インターシフト（2005）。
[18] 国立天文台（編）:『環境年表　平成29－30年』丸善出版（2017）。

索 引

あ 行

アイスランド 48
青　潮 73
赤　潮 73, 77
アザラシ 43
アジェンダ21 10
足尾銅山鉱毒事件 121
アスベスト 126
アブラヤシ 89
アフリカ 2, 7, 25, 26, 65, 83, 84
アマゾン 87
アマモ 52
アラル海 10, 65
有明海 77, 78, 131
アンモニア 20, 57, 90

イエローストーン国立公園 95
硫黄酸化物 17, 135
諫早湾干拓 131, 133
異常気象 40
イタイイタイ病 113
一酸化窒素 136, 139
一酸化二窒素 31
一般廃棄物 149
遺伝子 92
移入種 97
イヌイット 43
インドネシアの熱帯林 88

ウィーン条約 23
上乗せ基準 130

永久凍土 88
エコタウン 164

エコロジカル・フットプリント 5
エストロゲン 108
越境汚染 141
江戸時代 163
エルニーニョ現象 89

大阪空港公害訴訟 128
小笠原諸島 100
オガララ帯水層 65
オキシデーションディッチ法 72
オーストラリア 39, 40, 66
汚染者負担の原則 8, 130
オゾン 22, 110, 141
オゾンホール 22
温室効果ガス 31

か 行

海岸漂着ごみ 23
海水淡水化 67
外部不経済 134
海洋汚染 23
海洋汚染防止法 25
海洋温度差発電 56
海洋酸性化 38
海洋大循環 42
外来生物 97
化学的酸素要求量 74
化学物質 101, 105, 116
化学物質過敏症 112
化学物質排出移動量届出制度 116
拡大生産者責任 8
ガス化溶融炉 155
霞堤（かすみてい） 81
仮想水 66

索　引

活性汚泥………………………………… 71
活性炭…………………………………… 69
合併浄化槽……………………………… 70
カーディフ市…………………………… 7
家電リサイクル………………………… 160
カドミウム……………………………… 113
カネミ油症……………………………… 122
カーボン・オフセット………………… 171
カーボン・ニュートラル……………… 53
カーボン・フットプリント…………… 6
上勝町…………………………………… 165
環境アセスメント……………………… 130
環境影響評価…………………………… 130
環境会計………………………………… 167
環境家計簿……………………………… 168
環境危機時計…………………………… 166
環境基本計画…………………………… 130
環境基本法………………………… 75, 128
環境権…………………………………… 133
環境税…………………………………… 130
環境難民…………………………… 40, 44
環境報告書……………………………… 10
環境ホルモン…………………………… 108
環境マネジメントシステム…………… 10
環境NGO………………………………… 27

企業の社会的責任……………………… 10
気候変動に関する政府間パネル……… 28
気候変動枠組条約………………… 15, 28
希少金属………………………………… 160
逆浸透膜………………………………… 66
凝集剤…………………………………… 68
京都議定書………… 27, 31, 37, 47, 48, 49, 50
京都メカニズム………………………… 49
霧吹き冷却……………………………… 144

九十九里浜……………………………… 80
釧路湿原………………………………… 97
クリプトスポリジウム………………… 70
クリーンエネルギー…………………… 59
クリーン開発メカニズム……………… 50

グリーン購入法………………………… 157
グリーン・コンシューマー…………… 30
計画堆砂容量…………………………… 80
下水道…………………………………… 70

黄河……………………………………… 65
公害……………………………… 121, 124
公害健康被害補償法…………………… 122
公害対策基本法………………………… 128
公害の苦情件数………………………… 124
光化学オキシダント…………………… 140
光化学スモッグ………………………… 140
黄砂……………………………………… 136
高度浄水処理…………………………… 69
コウノトリ………………………… 95, 96
国連開発計画…………………………… 68
国連人間環境会議……………………… 27
コージェネレーションシステム……… 58
五大湖…………………………………… 103
コプラナーPCB………………………… 106
ごみ固形燃料…………………………… 154
ごみ有料化……………………………… 159
コモンレールシステム………………… 139
固有種…………………………………… 96

さ 行

最終処分場……………………… 152, 153, 160
再生可能エネルギー
　………… 9, 16, 47, 51, 52, 54, 55, 59
再生利用…………………………… 4, 52
再導入……………………………… 95, 96
里山………………………………… 93, 97
砂漠化…………………………… 100, 101
砂漠化対処条約…………………… 25, 26
サーマルNO_x……………………… 20
産業廃棄物
　…… 123, 133, 149, 150, 152, 153, 162
サンゴの白化…………………………… 42

191

索引

酸死 　　　　　　　　　　　　　　　　　20
酸性雨 　　　　　　　　　　　　　　　　16
三番瀬 　　　　　　　　　　　　　　　　78
残留性有機汚染物質 　　　　　　　　　104

シーア・コルボーン 　　　　　　　　　103
死海 　　　　　　　　　　　　　　　　　65
自浄作用 　　　　　　　　　　　　　　　73
自然環境保全法 　　　　　　　　128, 129
自然浄化力 　　　　　　　　　　　　　　90
持続可能な開発 　　　　　　　　　　　8, 9
シックハウス症候群 　　　　　　　　　112
自動車リサイクル 　　　　　　　　161, 162
自動車 NO_x・PM 法 　　　　　　　　129
シベリア針葉樹林（タイガ）　　85, 87, 88
社会的責任 　　　　　　　　　　　　　　10
重金属 　　　　　　　　　　　　　113, 114
シュレッダーダスト 　　　　　　　　　161
循環型社会 　　　　　　　　　147, 162, 163
循環型社会形成推進基本法 　　　　　8, 133
浄水場 　　　　　　　　　　　　　　　　69
食物連鎖
　　　25, 42, 78, 90, 95, 103, 104, 115, 122
食料自給率 　　　　　　　　　　　　　　3
女性ホルモン 　　　　　　　　　　　　108
人口爆発 　　　　　　　　　　　　1, 3, 85
森林原則声明 　　　　　　　　　　　28, 87
森林破壊 　　　　　　3, 25, 37, 52, 85, 86, 87

水銀 　　　　　　　　　　　　　　　　123
水銀汚染 　　　　　　　　　　　　　　133
水道水 　　　　　　　　　　　　68, 69, 70
スクリーニング 　　　　　　　　　　　131
スコーピング 　　　　　　　　　　　　131
スターン報告 　　　　　　　　　　　　 39
ストーカ炉 　　　　　　　　　　　　　156
ストックホルム条約 　　　　　　　　　105
スーパーファンド法 　　　　　　　　　114
スマトラ島 　　　　　　　　　　　　88, 89

生産者 　　　　　　　　　　　　　　　 90

成層圏 　　　　　　　　　13, 21, 22, 23, 110
生態系 　　　　　　　　　　　　　90, 91, 92
生物化学的酸素要求量 　　　　　　　　　74
生物多様性 　　　　　　　　　　　　 91, 97
生物濃縮 　　　　　　　　103, 104, 116, 122
ゼロ・エミッション 　　　　　　　　　162
戦略的環境アセスメント 　　　　　　　132

総農薬方式 　　　　　　　　　　　　　　70
総量規制 　　　　　　　　　　　　　　130

た 行

ダイオキシン 　　　　　　　　　　　　105
ダイオキシン類対策特別措置法 　　　　133
大気汚染訴訟 　　　　　　　　　　　　135
大気圏 　　　　　　　　　　　　　　4, 21
代替フロン 　　　　　　　　　　　　　 31
太陽光発電 　　　　　　　　　　　　　 55
太陽電池 　　　　　　　　　　　　　　 55
太陽放射 　　　　　　　　　　　　　　 32
耐容 1 日摂取量 　　　　　　　　　　　107
ダーウィンの箱庭 　　　　　　　　　　100
ダストドーム 　　　　　　　　　　　　144
脱ダム宣言 　　　　　　　　　　　　　 82
田中正造 　　　　　　　　　　　　　　121
炭素循環 　　　　　　　　　　　　　　 38
炭素循環フィードバック 　　　　　　　 35
断流 　　　　　　　　　　　　　　　　 65

地球温暖化 　　　　　　　　13, 15, 16, 31, 47
地球環境問題 　　　　　　　　　　　　 13
地球サミット 　　　　　　　　　　　15, 27
地球放射 　　　　　　　　　　　　　　 32
窒素 　　　　　　　　　　　　35, 36, 73, 90
窒素酸化物 　　　　　　　　　　　17, 135
地熱発電 　　　　　　　　　　　　　　 56
中間処理 　　　　　　　　　　　　　　152
中皮腫 　　　　　　　　　　　　　　　126
長距離越境大気汚染条約 　　　　　　　 20

索　引

直接脱硫法……………………………… 20
清渓川（チョンゲチョン）…………… 145
沈黙の春………………………………… 102

ツバル共和国…………………………… 40

低炭素社会……………………………… 47
テトラクロロエチレン……… 114, 125, 136
典型7公害……………………………… 121
天然ガス………… 20, 51, 54, 59, 135, 139
東京大気汚染訴訟……………………… 136
東京湾………………… 39, 77, 78, 144
ト　キ…………………………………… 96
時のアセス……………………………… 133
特定外来生物…………………………… 99
特定フロン……………………………… 110
都市鉱山………………………………… 160
土壌汚染………………………………… 113
土壌汚染対策法………………………… 114
トリクロロエチレン…………… 111, 114
トリハロメタン………………………… 69

な 行

内分泌かく乱化学物質………… 108, 109
ナイルパーチ…………………………… 100
南水北調………………………………… 65

二酸化硫黄……………………………… 136
二酸化炭素………………… 17, 53, 102
二酸化炭素の深海・地下貯留………… 38
二酸化炭素の相殺……………………… 52
二酸化窒素……………………………… 136
西ナイル熱……………………………… 43

熱汚染…………………………………… 142
熱回収…………………………………… 157
熱帯林… 83, 84, 85, 86, 87, 88, 89, 90, 91
熱中症……………………………… 44, 144

熱電併給………………………………… 58
燃料電池…………………………… 57, 62

濃度規制………………………………… 130

は 行

ばい煙…………………………………… 139
排煙脱硫法……………………………… 20
バイオエタノール………………… 53, 139
バイオディーゼル……………………… 53
バイオ燃料……………………………… 53
バイオマス……………………………… 52
廃棄物…… 54, 90, 125, 147, 148, 149, 150, 152, 153, 159
廃棄物処理………………… 149, 157, 162
廃棄物の処理及び清掃に関する法律… 149
排出者責任……………………………… 157
排出量取引……………………………… 50
ハイテク汚染…………………………… 125
ハイドレート…………………………… 54
ハイドロフルオロカーボン類………… 31
ハイブリッド自動車…………………… 59
パソコンリサイクル…………………… 161
バーチャルウォーター…………… 66, 148
発がん性…………………………… 69, 125
バラスト水………………………… 23, 97
パリ協定………………………………… 28
ハロン…………………………………… 111

干　潟………………… 75, 76, 77, 78
ビクトリア湖…………………………… 100
ヒートアイランド
　………… 40, 135, 141, 142, 143, 145
ヒートポンプ…………………………… 59
漂着ごみ………………………………… 23

ファクターX…………………………… 166
フィードバック………………… 33, 34, 35
風力発電…………………………… 51, 55

193

索 引

フェアトレード……………………………166
富栄養化………………………72, 73, 74, 77
藤前干潟……………………………………76
フードマイレージ…………………………166
不法投棄………………… 125, 148, 160, 161
浮遊粒子状物質………………………135, 138
フューエルNO_x……………………………20
ブラックバス………………………………98
プランクトン………………… 23, 78, 103, 122
ブルーギル…………………………………98
フロン…………………………………109, 110
分解者………………………………………90

ベンゼン……………… 105, 106, 112, 135, 136

補強（強化）……………………………100
ポスト京都議定書…………………………49
ホッキョクグマ……………………………43
ボトルtoボトル……………………………159
ボルネオ島………………………………88, 89
ホルムアルデヒド…………………………112

ま 行

マラリア…………………………………43, 64
マングース…………………………………99
マングローブ………………………………52

水循環………………………………………93
水俣病………………………… 122, 123, 127

メタン………………… 31, 38, 57, 69, 76, 90, 109

もったいない………………………………159
モントリオール議定書……………23, 31, 110

や 行

野生復帰……………………………………96

谷津（やつ）干潟…………………………75

溶存酸素……………………………………78
四日市ぜん息訴訟…………………………122

ら 行

ラニーニャ現象……………………………100
ラブカナル…………………………………114
ラムサール条約……………… 75, 76, 94, 98

リスクコミュニケーション………………117
リン……………………………… 72, 73, 74, 77

レアメタル…………………………………160
レイチェル・カーソン……………………102
レセプター（受容体）……………………106
レッドデータブック………………………94

六価クロム…………………………………114

わ 行

ワシントン条約……………………………94

数字・欧字

1次処理……………………………………71
3R……………………………… 156, 159, 163
4大公害病訴訟……………………………122

BHC………………………………………102
BOD……………………………………74, 75

CCS…………………………………38, 53, 54
COD……………………………………74, 75
COP………………………… 27, 28, 47, 48
CSR…………………………………………10

194

索引

DDT ……… 11, 102, 104, 105, 108, 122
DO ……………………………………… 74, 75

IPCC ………… 16, 33, 38, 39, 40, 41, 44
IPCC 第5次報告 ……………………… 33
ISO 14001 ……………………………… 10

JI ……………………………………… 49, 50

LED（発光ダイオード）照明 ………… 54

NO_x
  … 17, 18, 19, 20, 135, 136, 139, 140, 141

PCB ………………… 103, 104, 105, 106, 108
$PM_{2.5}$ …………………………… 13, 137, 138

POPs ……………………………… 104, 105, 118
ppb ……………………………………… 36
ppm ………………………………… 32, 74
PPP ……………………………………… 8
ppt ……………………………………… 119
PRTR 制度 …………………………… 116

RDF ……………………………… 154, 155, 156
REACH ………………………………… 119

SO_x … 14, 17, 18, 19, 20, 68, 135, 137, 139
SPM ……………………… 135, 136, 137, 138
SS ……………………………………… 73, 74, 75

TEQ …………………………………… 107

〈著者略歴〉
鈴木 孝弘（すずき　たかひろ）
東洋大学経済学部教授
1956 年　静岡県浜松市生まれ
1984 年　東京工業大学大学院化学環境工学専攻博士課程修了（工学博士）
1984 年　静岡県庁生活環境部 主事
1989 年　東京工業大学工学部化学工学科 助手
1994 年　東京工業大学資源化学研究所（大学院化学環境工学専攻併任）助教授
2002 年　東洋大学経済学部経済学科 教授

〈専門〉
環境科学、データサイエンス、生物工学、環境経済など

〈著書〉
『新地球環境百科』（駿河台出版社、2009）
『生命と健康百科』（駿河台出版社、2011）
『新しい環境科学（改訂 2 版）―環境問題の基礎知識をマスターする』（駿河台出版社、2014）
『新しい物質の科学（改訂 2 版）―身のまわりを化学する―』（オーム社、2014）
『これだけは知っておきたい データサイエンスの基本がわかる本』（オーム社、2018）
ほか多数

- 本書の内容に関する質問は、オーム社ホームページの「サポート」から、「お問合せ」の「書籍に関するお問合せ」をご参照いただくか、または書状にてオーム社編集局宛にお願いします。お受けできる質問は本書で紹介した内容に限らせていただきます。なお、電話での質問にはお答えできませんので、あらかじめご了承ください。
- 万一、落丁・乱丁の場合は、送料当社負担でお取替えいたします。当社販売課宛にお送りください。
- 本書の一部の複写複製を希望される場合は、本書扉裏を参照してください。

JCOPY ＜出版者著作権管理機構 委託出版物＞

よくわかる環境科学
地球と身のまわりの環境を考える

2019 年 1 月 25 日　第 1 版第 1 刷発行
2020 年 11 月 30 日　第 1 版第 5 刷発行

著　者　鈴木孝弘
発行者　村上和夫
発行所　株式会社オーム社
　　　　郵便番号　101-8460
　　　　東京都千代田区神田錦町 3-1
　　　　電話　03(3233)0641(代表)
　　　　URL　https://www.ohmsha.co.jp/

© 鈴木孝弘 2019

組版　新生社　　印刷・製本　三美印刷
ISBN978-4-274-22320-4　Printed in Japan

好評関連書籍

統計学図鑑

栗原伸一・丸山敦史 [共著]
ジーグレイプ [制作]

A5判／312ページ／定価(本体2,500円【税別】)

「見ればわかる」統計学の実践書！

本書は、「会社や大学で統計分析を行う必要があるが、何をどうすれば良いのかさっぱりわからない」、「基本的な入門書は読んだが、実際に使おうとなると、どの手法を選べば良いのかわからない」という方のために、基礎から応用までまんべんなく解説した「図鑑」です。パラパラとめくって眺めるだけで、楽しく統計学の知識が身につきます。

数学図鑑
〜やりなおしの高校数学〜

永野 裕之 [著]
ジーグレイプ [制作]

A5判／256ページ／定価(本体2,200円【税別】)

苦手だった数学の「楽しさ」に行きつける本！

「算数は得意だったけど、
　数学になってからわからなくなった」
「最初は何とかなっていたけれど、
　途中から数学が理解できなくなって、文系に進んだ」
このような話は、よく耳にします。本書は、そのような人達のために高校数学まで立ち返り、図鑑並みにイラスト・図解を用いることで数学に対する敷居を徹底的に下げ、飽きずに最後まで学習できるよう解説しています。

もっと詳しい情報をお届けできます。
◎書店に商品がない場合または直接ご注文の場合も右記宛にご連絡ください。

ホームページ https://www.ohmsha.co.jp/
TEL／FAX TEL.03-3233-0643　FAX.03-3233-3440

(定価は変更される場合があります)

F-1802-237